Magdy Mohamed Niazy Abdou

O selénio e a saúde humana nos países em desenvolvimento

Magdy Mohamed Niazy Abdou

O selénio e a saúde humana nos países em desenvolvimento

ScienciaScripts

Imprint

Cover image: www.ingimage.com

This book is a translation from the original published under ISBN 978-620-7-80565-5.

Publisher:
Sciencia Scripts
is a trademark of
Dodo Books Indian Ocean Ltd. and OmniScriptum S.R.L publishing group

120 High Road, East Finchley, London, N2 9ED, United Kingdom
Str. Armeneasca 28/1, office 1, Chisinau MD-2012, Republic of Moldova, Europe
Managing Directors: Ieva Konstantinova, Victoria Ursu
info@omniscriptum.com

Printed at: see last page
ISBN: 978-620-8-55510-8

Conteúdo

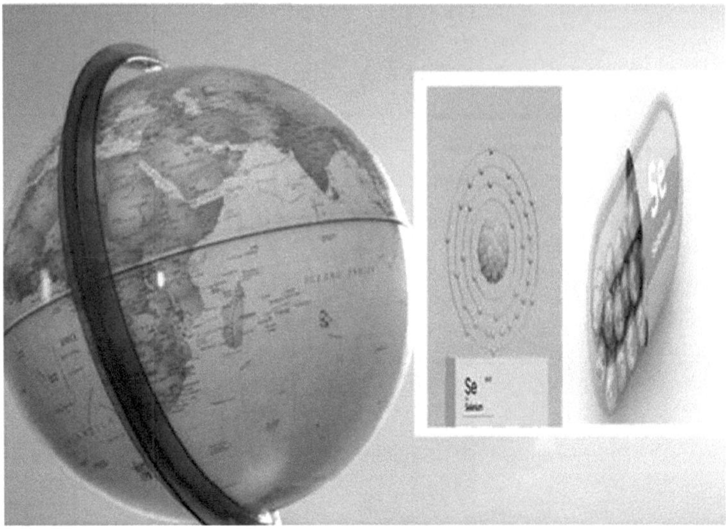

Nome: .Magdy Mohamed, Niazy (telemóvel): +201026870030 Email: amagdy16@gmail.com
Egípcio

Ph.D., investigador ambiental no Egito

.

http ://www.researchgate.net/profíle/MagdyNiazy/
http://www.eg.linkedin.com/pub/magdy-niazy/76/861/853/
http://ainshams.academia.edu/magdyniazy
http://www.dsa.unipr.it/phytonet/members/oth.htm
http://books.google.com.eg/books/about/phytoremediation ofp ollutedsoilwiths.html?id= YamAQgAACAAJ&rediresc=y
http://kuwait.tt/articledetails.aspx?Id=188915

PREFÁCIO

O selénio é um oligoelemento essencial que desempenha um papel crucial na saúde humana. É necessário para o bom funcionamento de várias enzimas e proteínas do organismo e actua também como antioxidante, protegendo as células dos danos causados pelos radicais livres. Embora a deficiência de selénio seja rara nos países desenvolvidos, onde as dietas são tipicamente diversificadas e equilibradas, pode ser um problema de saúde significativo nos países em desenvolvimento.

A ingestão inadequada de selénio através da dieta é a principal causa da deficiência de selénio. Esta deficiência pode levar a vários problemas de saúde, incluindo o enfraquecimento da função imunitária, o aumento do risco de certos tipos de cancro, a diminuição da função cognitiva e a infertilidade. Nos países em desenvolvimento, onde prevalece a subnutrição e o acesso limitado a alimentos nutritivos, a deficiência de selénio pode ser mais comum.

A melhoria do estado do selénio nos países em desenvolvimento pode ter vários impactos positivos na saúde da população:

Função imunitária melhorada: O selénio desempenha um papel crucial no apoio a um sistema imunitário saudável. Níveis adequados de selénio podem ajudar a fortalecer a resposta imunitária, reduzindo o risco de doenças infecciosas e melhorando os resultados gerais de saúde.

Redução do risco de determinadas doenças: A deficiência de selénio tem sido associada a um risco acrescido de certos tipos de cancro, como o cancro da próstata, do pulmão e colorrectal. Melhorar a ingestão de selénio pode potencialmente reduzir a incidência destas doenças e melhorar a saúde geral da população.

Melhoria da função cognitiva: O selénio está envolvido na manutenção da saúde ideal do cérebro e da função cognitiva. Níveis inadequados de selénio têm sido associados ao declínio cognitivo e a perturbações neurológicas. Ao combater a deficiência de selénio, os países em desenvolvimento podem ver melhorias no desenvolvimento cognitivo e no bem-estar mental.

Saúde materna e infantil: O selénio é particularmente importante para as mulheres grávidas e para as crianças. A deficiência de selénio durante a gravidez pode levar a complicações, como a pré-eclampsia, o parto prematuro e o baixo peso à nascença. A ingestão adequada de selénio pode contribuir para resultados de gravidez saudáveis e para o crescimento e desenvolvimento adequados das crianças.

Para melhorar o estado do selénio nos países em desenvolvimento, podem ser consideradas várias abordagens:

Diversificação da dieta: A promoção de dietas diversificadas e equilibradas que incluam alimentos ricos em selénio, como frutos secos, sementes, marisco, aves e cereais integrais, pode ajudar a combater a deficiência de selénio. Os programas de educação e sensibilização nutricional podem desempenhar um papel crucial na promoção de escolhas alimentares mais saudáveis.

Suplementação: Nos casos em que as mudanças na dieta são insuficientes, a suplementação com selénio pode ser uma estratégia eficaz. Os programas de suplementação devem ser implementados cuidadosamente, considerando os padrões alimentares locais, as necessidades da população e as potenciais interações com outros nutrientes ou medicamentos.

Práticas agrícolas: O aumento da fertilidade do solo e das práticas agrícolas pode ajudar a melhorar o teor de selénio nas culturas alimentares. Isto pode ser conseguido através da utilização de fertilizantes ricos em selénio ou de técnicas de biofortificação, que envolvem a criação de culturas com maior teor de selénio.

Iniciativas de saúde pública: As campanhas e iniciativas de saúde pública centradas na sensibilização para a importância do selénio para a saúde e a nutrição podem ajudar a promover mudanças de comportamento e a melhorar o consumo de selénio a nível da população.

É importante notar que, embora o selénio seja essencial para a saúde, a sua ingestão excessiva também pode ser prejudicial. A ingestão ideal de selénio varia em função de factores como a idade, o sexo e o estado geral de saúde. Por conseguinte, quaisquer intervenções para melhorar o estado do selénio devem basear-se numa avaliação cuidadosa dos níveis de selénio e das necessidades nutricionais ao nível da população, tendo em conta o contexto específico de cada país em desenvolvimento.

Dr. Magdy Mohamed Niazy
Doutoramento em Ciências do Ambiente

CAPÍTULO 1

Introdução

O selénio é um elemento químico com o símbolo Se e o número atómico 34. É um não metal com propriedades intermédias entre os metais e os não metais.

Os seres humanos necessitam de mais de 22 nutrientes essenciais para o seu bem-estar e boa saúde. Esses nutrientes podem ser obtidos através de um regime alimentar equilibrado; no entanto, mais de dois terços da população mundial está a sofrer de subnutrição por micronutrientes (MNM) devido a uma baixa ingestão de minerais. Atualmente, mais de mil milhões de pessoas são classificadas como subnutridas com deficiências de micronutrientes. Essas carências causam cerca de 30 milhões de mortes por ano, bem como graves problemas de saúde, incluindo os que envolvem o aumento da incapacidade, morbilidade e problemas imunitários, bem como a redução do crescimento mental e corporal. O selénio (Se) é um dos principais micronutrientes deficientes e estima-se que mais de 15% da população mundial seja deficiente em selénio. Foram identificadas cerca de 40 doenças e perturbações da saúde causadas por uma ingestão alimentar reduzida de selénio. Entre as doenças mais comuns causadas pela deficiência de selénio contam-se a doença do músculo branco no gado e a keshan (cardiomiopatia) e a kashin-Beck (osteoartropatia) no homem. Os cientistas identificaram o papel do selénio como antioxidante, antiviral e anticancerígeno na minimização de doenças associadas a danos celulares oxidativos como a hepatite, o VIH e a SIDA. O selénio é um metaloide e um nutriente essencial para a vida humana e animal. Não tem sido considerado um elemento essencial para as plantas, no entanto, foram relatados vários efeitos benéficos, como a melhoria do crescimento e desenvolvimento das plantas em condições de stress (seca, luz e stress oxidativo induzido por UV) através da promoção de actividades antioxidantes. Recentemente, verificou-se que o selénio desempenha um papel no retardamento da senescência das plantas devido a um aumento da atividade antioxidante.

Existe normalmente sob a forma de combinações oxidadas chamadas minerais de selénio, onde ocorre com enxofre e metais pesados. As principais fontes comerciais de selénio são as minas de cobre e de níquel.

O selénio foi descoberto em 1817 e é extraído da pirite e do cobre que contêm selénio. O elemento e os seus compostos têm várias utilizações industriais e comerciais, incluindo no fabrico de vidro, cerâmica, pigmentos, rectificadores e fotocélulas.

O selénio é um micronutriente essencial para os seres humanos, com um intervalo estreito entre a deficiência e a toxicidade. É um importante nutriente antioxidante que está presente em pequenas quantidades em vários alimentos como castanha-do-pará, peixe, frango, ovos, cebola e alho.

A deficiência de selénio é rara, mas pode ocorrer em pessoas com problemas gastrointestinais graves ou que vivem em zonas com níveis muito baixos de selénio no solo. A deficiência tem sido associada a problemas como a doença de Keshan.

A exposição a grandes quantidades de selénio pode causar selenose, caracterizada por um hálito com cheiro a alho, perturbações gastrointestinais e fragilidade do cabelo e das unhas. A dose tóxica varia consoante os indivíduos.

Alguns estudos também sugerem que o selénio pode ter um papel na redução do risco de cancro, apoiar a função da tiroide e atuar como anti-inflamatório e antioxidante no organismo. Mas ainda são necessários mais estudos.

Propriedades químicas - O selénio é um metaloide que existe normalmente nos estados de oxidação -2, +4 e +6. Existe como um pó amorfo castanho-avermelhado ou cristais cinzento-azulados escuros. É insolúvel em água mas solúvel em dissulfureto de carbono.

Utilizações industriais - Para além das utilizações mencionadas anteriormente, o selénio é utilizado no fabrico de componentes electrónicos como fotocélulas, rectificadores e memória de computador. É também utilizado em produtos de borracha, insecticidas, semicondutores, equipamento médico e toner para fotocopiadoras a cores.

Papel bioquímico - O selénio é incorporado nas selenoproteínas como o aminoácido selenocisteína. Actua como antioxidante ao interagir com enzimas como a glutationa peroxidase para neutralizar espécies reactivas de oxigénio e prevenir danos oxidativos. Mais de 25 selenoproteínas desempenham papéis fundamentais no metabolismo das hormonas da tiroide, na síntese do ADN e na proteção contra as toxinas.

Fontes alimentares - Outras boas fontes de selénio são a castanha-do-pará, o arroz integral, as sementes de girassol, o atum, o salmão, a levedura, as carnes, os cogumelos e os cereais integrais. A ingestão alimentar depende dos níveis do solo onde os alimentos são cultivados. A DDR dos EUA para adultos é de 55 microgramas por dia.

Testes - Os níveis de selénio podem ser analisados no sangue, urina, unhas ou cabelo. Níveis baixos podem indicar deficiência, enquanto níveis altos sugerem possível toxicidade que requer atenção médica.

Investigação - Há estudos que investigam o papel potencial do selénio nas doenças cardíacas, no declínio cognitivo, nas doenças auto-imunes, na infertilidade masculina e em certos tipos de cancro, como o cancro da próstata. Mas ainda são necessárias provas mais conclusivas.

Formas na natureza - O selénio ocorre naturalmente em mais de 50 formas minerais, sendo as mais comuns a claustite, a crooksite, a eukeladeite e a umangite. Encontra-se associado ao enxofre, cobre, chumbo, telúrio e outros metais em minerais.

Descoberta - O selénio foi descoberto em 1817 pelo químico sueco Jöns Jacob Berzelius, que lhe deu o nome da deusa grega da lua Selene devido à sua semelhança com o telúrio. A sua forma elementar só foi isolada em 1839 por Christian Gmelin, na Alemanha.

Isótopos - O selénio que ocorre naturalmente é constituído por 6 isótopos estáveis. O selénio-82 é o isótopo mais comum, com 49,6% de abundância natural. Existem também mais de 30 isótopos radioactivos conhecidos.

Alótropos - Os elementos enxofre e selénio são análogos e cada um tem alótropos com diferentes conectividades atómicas. O selénio tem quatro alótropos sólidos conhecidos - cinzento, vermelho, púrpura e preto amorfo.

Papel biológico - O selénio é essencial para a vida e a sua deficiência tem impactos graves. Ajuda a regular o metabolismo, o equilíbrio redox antioxidante e a função da tiroide. Alguns micróbios utilizam mesmo compostos de selénio para obter energia e eliminar resíduos.

Doenças por carência - Doenças como a doença de Keshan, na China, e a doença de Akamatsu, no Japão, ocorreram historicamente devido ao baixo teor de selénio no solo e às subsequentes carências humanas/animais.

Limite tóxico - O nível superior tolerável de ingestão de selénio é de 400 microgramas/dia. Os sintomas de toxicidade aguda aparecem a partir de 1000 mcg; 1000-5000 mcg podem ser letais.

Utilizações tecnológicas - Para além das fotocélulas e dos rectificadores, o selénio é utilizado em fotocopiadoras, toners para impressoras a laser e xerografia. É utilizado para melhorar as propriedades do aço, do vidro e dos plásticos. Os revestimentos de selénio protegem os espelhos dos telescópios astronómicos.

Selénio no ambiente - É libertado pela combustão do carvão, operações mineiras, drenagem agrícola e fabrico de vidro. A atividade vulcânica também contribui para os níveis ambientais naturais. Não é muito móvel e bioacumula-se nos oceanos e lagos.

Descoberta das selenoproteínas - A primeira selenoproteína, a formiato desidrogenase, foi identificada em 1976. Em 1987, foi descoberto um motivo específico de inserção de selenocisteína que dirige a incorporação de selénio. Até à data, foram caracterizadas mais de 25 selenoproteínas humanas.
Papel na função tiroideia - O selénio, na forma de selenocisteína, é parte integrante das enzimas iodotironina desiodinase que activam e desactivam as hormonas da tiroide e regulam os seus níveis. A deficiência prejudica o metabolismo das hormonas da tiroide.
Bioquímica - A glutationa peroxidase foi uma das primeiras selenoenzimas descobertas. Utiliza um grupo selenol na selenocisteína no seu local ativo para reduzir o peróxido de hidrogénio e os peróxidos lipídicos.
Fungos e bactérias - Alguns micróbios utilizam compostos orgânicos de selénio, como o selenato e o selenito, para obter energia durante a respiração anaeróbica. Outros biotransformam o selénio em formas voláteis metiladas.
Produção comercial - O selénio é obtido comercialmente a partir de lamas anódicas da refinação do cobre e de outros subprodutos industriais da refinação do cobre/metal. É purificado, destilado a vácuo e fundido em lingotes ou maquinado em produtos.

CAPÍTULO 2

O selénio e saúde humana

O selénio é um mineral vestigial essencial, importante para a saúde humana. Desempenha um papel crucial em vários processos fisiológicos e tem propriedades antioxidantes. Eis algumas das formas como o selénio afecta a saúde humana:

Defesa antioxidante: O selénio é um componente vital de várias enzimas antioxidantes, incluindo a glutationa peroxidase. Estas enzimas ajudam a proteger as células dos danos oxidativos causados pelos radicais livres, que são moléculas altamente reactivas. Ao neutralizar os radicais livres, o selénio contribui para reduzir o risco de doenças crónicas, como as doenças cardíacas e certos tipos de cancro.

Função da tiroide: O selénio é necessário para a produção e o metabolismo das hormonas da tiroide. É um componente das enzimas que convertem a hormona da tiroide inativa (T4) na sua forma ativa (T3). Níveis adequados de selénio são importantes para manter uma função tiroideia adequada, que é crucial para regular o metabolismo, o crescimento e o desenvolvimento.

Apoio ao sistema imunitário: O selénio desempenha um papel na função do sistema imunitário. Ajuda a regular a atividade das células imunitárias e promove a produção de citocinas, que são moléculas envolvidas nas respostas imunitárias. A deficiência de selénio pode prejudicar a função imunitária e aumentar a suscetibilidade a infecções.

Saúde reprodutiva: O selénio está envolvido na saúde reprodutiva de homens e mulheres. Nos homens, é necessário para o desenvolvimento e funcionamento dos espermatozóides. Nas mulheres, o selénio apoia a fertilidade e pode contribuir para uma gravidez saudável.

Função cognitiva: Alguns estudos sugeriram que o selénio pode ter um impacto positivo na função cognitiva e pode ajudar a proteger contra o declínio cognitivo, particularmente em adultos mais velhos. No entanto, é necessária mais investigação para compreender plenamente a relação entre o selénio e a saúde cognitiva.

É importante notar que, embora o selénio seja essencial para a saúde, a ingestão excessiva de selénio pode ser prejudicial. Níveis elevados de selénio podem causar selenose, uma doença caracterizada por perda de cabelo e unhas, distúrbios gastrointestinais e anomalias neurológicas. A ingestão diária recomendada de selénio varia consoante a idade, o sexo e factores específicos, e é geralmente alcançável através de uma dieta equilibrada que inclua alimentos ricos em selénio, como castanhas do Brasil, marisco, carnes de órgãos e cereais integrais.

Tal como acontece com todas as preocupações relacionadas com a saúde, é sempre recomendável consultar um profissional de saúde para obter aconselhamento e orientação personalizados.

Prevenção do cancro: O selénio tem sido estudado pelo seu potencial papel na prevenção do cancro. Alguns estudos sugerem que o selénio pode ajudar a reduzir o risco de certos tipos de cancro, como o cancro da próstata, do pulmão, colorrectal e da bexiga. No entanto, as provas são contraditórias e são necessários mais estudos para compreender os mecanismos exactos e os potenciais benefícios do selénio na prevenção do cancro.

Saúde do coração: As propriedades antioxidantes do selénio podem ajudar a proteger o sistema cardiovascular. Pode ajudar a reduzir a inflamação, prevenir danos oxidativos nos vasos sanguíneos e melhorar o fluxo sanguíneo. Alguns estudos observacionais encontraram associações entre níveis mais elevados de selénio e um menor risco de doença cardíaca. No entanto, é necessária mais investigação para estabelecer uma relação clara de causa e efeito.

Humor e saúde mental: Pensa-se que o selénio desempenha um papel na regulação do humor e na saúde mental. Níveis baixos de selénio têm sido associados a doenças como a depressão, a ansiedade e o declínio cognitivo. Uma ingestão adequada de selénio pode apoiar a saúde geral do cérebro e contribuir para um estado de espírito positivo. No entanto, são necessários mais estudos para compreender plenamente a relação entre o selénio e a saúde mental.

Saúde do cabelo, da pele e das unhas: O selénio está envolvido na produção de proteínas e enzimas que apoiam a saúde do cabelo, da pele e das unhas. Ajuda a manter a integridade estrutural destes tecidos e pode contribuir para a sua saúde e aparência geral.

Doenças auto-imunes: Algumas doenças auto-imunes, como a tiroidite de Hashimoto e a artrite reumatoide, têm sido associadas a níveis mais baixos de selénio. O papel do selénio na função imunitária e na defesa antioxidante pode ser relevante para estas doenças. No entanto, é necessária mais investigação para determinar os mecanismos exactos e os potenciais benefícios da suplementação com selénio nas doenças auto-imunes.

É importante notar que o impacto do selénio na saúde humana é complexo e os seus efeitos podem variar dependendo de factores como a genética individual, padrões alimentares gerais e interações com outros nutrientes. É geralmente recomendado obter selénio através de uma dieta equilibrada em vez de depender apenas de suplementos, uma vez que a ingestão excessiva de selénio pode ser prejudicial. Se tiver preocupações ou condições de saúde específicas, é melhor consultar um profissional de saúde para obter aconselhamento e orientação personalizados.

Efeitos anticancerígenos: O selénio tem sido estudado pelos seus potenciais efeitos anticancerígenos. Acredita-se que inibe o crescimento do tumor e promove a apoptose (morte celular) nas células cancerígenas. As propriedades antioxidantes do selénio ajudam a proteger as células dos danos e mutações do ADN, que podem contribuir para o desenvolvimento do cancro. No entanto, a relação entre o selénio e o cancro é complexa, sendo necessária mais investigação para compreender plenamente os seus mecanismos e determinar os níveis ideais de ingestão.

Função do sistema imunitário: O selénio desempenha um papel vital na função do sistema imunitário. Ajuda a regular a atividade das células imunitárias e funciona como um antioxidante para proteger as células imunitárias do stress oxidativo. Níveis adequados de selénio são importantes para uma resposta imunitária óptima e para a defesa contra infecções. A deficiência de selénio tem sido associada a uma função imunitária deficiente e a uma maior suscetibilidade a infecções virais e bacterianas.

Saúde cardiovascular: O selénio está envolvido em vários aspectos da saúde cardiovascular. Ajuda a manter a elasticidade dos vasos sanguíneos, regula a coagulação do sangue e reduz a inflamação. As propriedades antioxidantes do selénio também ajudam a proteger contra danos oxidativos no coração e nos vasos sanguíneos. Alguns estudos sugeriram que a suplementação com selénio pode ter benefícios para indivíduos com determinadas condições cardiovasculares, mas é necessária mais investigação para estabelecer recomendações claras.

Distúrbios da tiroide: O selénio é essencial para o bom funcionamento da tiroide. É um componente crucial das enzimas envolvidas na síntese e no metabolismo das hormonas da tiroide. A deficiência de selénio pode contribuir para distúrbios da tiroide, como o hipotiroidismo (tiroide hipoactiva) e doenças auto-imunes da tiroide, como a tiroidite de Hashimoto. Níveis adequados de selénio apoiam a saúde da tiroide e a produção de hormonas.

Fertilidade masculina: O selénio é importante para a saúde reprodutiva masculina. É necessário para o desenvolvimento, maturação e motilidade dos espermatozóides. A deficiência de selénio tem sido associada à redução da qualidade do esperma e a problemas de fertilidade. A suplementação com selénio pode melhorar a qualidade do esperma, embora as respostas individuais possam variar.

Sinergia antioxidante: O selénio funciona em sinergia com outros antioxidantes, como as vitaminas C e E. Ajuda a regenerar estes antioxidantes e aumenta a sua eficácia no combate ao stress oxidativo. As acções combinadas do selénio e de outros antioxidantes contribuem para a proteção global das células e dos tecidos.

Degenerescência Macular Relacionada com a Idade (DMRI): Alguns estudos sugeriram uma potencial ligação entre a ingestão de selénio e o risco de DMRI, uma das principais causas de perda de visão em adultos mais velhos. Níveis mais elevados de selénio e o consumo de alimentos ricos em selénio têm sido associados a um risco reduzido de DMRI. No entanto, é necessária mais investigação para confirmar estes resultados e determinar os níveis ideais de selénio para a prevenção da DMRI.

É importante notar que, embora o selénio seja essencial para a saúde, a sua ingestão excessiva pode ser tóxica. Níveis elevados de selénio podem causar selenose, que se manifesta por sintomas como distúrbios gastrointestinais, perda de cabelo e unhas, anomalias no sistema nervoso e até falência de órgãos. A ingestão diária recomendada de selénio varia em função da idade, do sexo e de factores específicos, sendo geralmente alcançada através de uma dieta equilibrada.

É sempre aconselhável consultar um profissional de saúde ou um nutricionista registado para obter aconselhamento personalizado sobre a ingestão de selénio e o seu potencial impacto nas suas preocupações ou condições de saúde específicas.

Reparação do ADN e crescimento celular: O selénio está envolvido nos mecanismos de reparação do ADN, assegurando a integridade e a estabilidade do material genético das células. Também desempenha um papel no crescimento e proliferação celular. Níveis adequados de selénio são necessários para a divisão e crescimento celular adequados, que são essenciais para a saúde e desenvolvimento geral.

Doenças inflamatórias: O selénio tem sido estudado pelos seus potenciais efeitos anti-inflamatórios. A inflamação crónica está associada a várias condições de saúde, incluindo doenças auto-imunes, doenças cardiovasculares e certos tipos de cancro. As propriedades antioxidantes do selénio e o seu papel na regulação das respostas imunitárias podem ajudar a modular a inflamação e contribuir para reduzir o risco ou a gravidade das doenças inflamatórias.

Função cognitiva e neuroprotecção: Alguns estudos sugerem que o selénio pode ter um papel neuroprotector e influenciar a função cognitiva. As propriedades antioxidantes do selénio ajudam a proteger as células cerebrais dos danos oxidativos, que se pensa contribuírem para o declínio cognitivo relacionado com a idade e para doenças neurodegenerativas como a doença de Alzheimer e a doença de Parkinson. Além disso, níveis adequados de selénio são importantes para o bom funcionamento dos neurotransmissores e para a saúde geral do cérebro.

Controlo da diabetes: O selénio pode desempenhar um papel no controlo da diabetes, particularmente em indivíduos com diabetes tipo 2. Alguns estudos sugerem que a suplementação com selénio pode melhorar o controlo glicémico e a sensibilidade à insulina. No entanto, é necessária mais investigação para estabelecer a eficácia e as dosagens ideais de selénio no controlo da diabetes.

Saúde dos ossos: O selénio está envolvido no metabolismo ósseo e pode contribuir para a manutenção de ossos saudáveis. Interage com outros minerais, como o cálcio e o magnésio, para apoiar a formação e a remodelação óssea. Alguns estudos encontraram associações entre níveis baixos de selénio e diminuição da densidade mineral óssea, mas é necessária mais investigação para compreender os mecanismos específicos e os potenciais benefícios da suplementação com selénio para a saúde óssea.

Cicatrização de feridas: O selénio está envolvido no processo de cicatrização de feridas. Contribui para a síntese de colagénio, que é essencial para a reparação e regeneração dos tecidos. Níveis adequados de selénio apoiam a cicatrização ideal de feridas e podem ajudar a reduzir o risco de complicações.

Asma e alergias: O selénio tem sido estudado pelos seus potenciais benefícios no controlo da asma e na prevenção das alergias. Alguns estudos sugerem que a suplementação com selénio pode reduzir os sintomas da asma e melhorar a função pulmonar. Além disso, as propriedades antioxidantes e anti-inflamatórias do selénio podem ajudar a modular as respostas alérgicas. No entanto, são necessários mais estudos para estabelecer recomendações claras e compreender os mecanismos envolvidos.

É importante notar que os efeitos do selénio na saúde humana podem variar dependendo de factores individuais como a idade, o sexo, o estado geral de saúde e os padrões alimentares. É geralmente recomendado obter selénio através de uma dieta equilibrada que inclua alimentos ricos em selénio e

evitar a suplementação excessiva de selénio, uma vez que níveis elevados podem ser tóxicos. Consultar um profissional de saúde ou um nutricionista registado pode fornecer orientações personalizadas sobre a ingestão de selénio e o seu potencial impacto em condições de saúde específicas.
Atividade antiviral: O selénio tem sido estudado pelas suas potenciais propriedades antivirais. Acredita-se que melhora a resposta imunitária contra infecções virais, incluindo a gripe e o VIH. Os efeitos antioxidantes e imunomoduladores do selénio podem ajudar a reduzir a replicação viral e melhorar a função imunitária geral. No entanto, é necessária mais investigação para compreender plenamente os mecanismos antivirais do selénio e as suas potenciais aplicações.
Mecanismos anticancerígenos: Pensa-se que os potenciais efeitos anticancerígenos do selénio envolvem múltiplos mecanismos. Pode inibir o crescimento do tumor induzindo a apoptose (morte celular) nas células cancerígenas e suprimindo a sua proliferação. O selénio também desempenha um papel na reparação do ADN e pode ajudar a prevenir mutações que contribuem para o desenvolvimento do cancro. Além disso, o selénio pode modular as vias de sinalização envolvidas na inflamação e na angiogénese (formação de novos vasos sanguíneos), que são cruciais para o crescimento e disseminação do tumor.
Saúde do fígado: O selénio é essencial para o bom funcionamento do fígado. Apoia os processos de desintoxicação e ajuda a proteger as células do fígado dos danos oxidativos. A deficiência de selénio tem sido associada a doenças do fígado, como a cirrose e o carcinoma hepatocelular (um tipo de cancro do fígado). Níveis adequados de selénio são importantes para manter a saúde do fígado e prevenir complicações relacionadas com o fígado- .
Saúde respiratória: O selénio pode ter benefícios para a saúde respiratória. Tem sido estudado pelo seu potencial papel na redução do risco e da gravidade das condições respiratórias, incluindo asma, doença pulmonar obstrutiva crónica (DPOC) e cancro do pulmão. Acredita-se que as propriedades antioxidantes e anti-inflamatórias do selénio contribuam para estes efeitos, protegendo o tecido pulmonar dos danos oxidativos e modulando as respostas inflamatórias.
Saúde ocular: O selénio é importante para manter a saúde óptima dos olhos. É um componente de enzimas que ajudam a proteger o cristalino e a retina do stress oxidativo. A deficiência de selénio tem sido associada a um risco acrescido de doenças oculares, incluindo cataratas e degenerescência macular relacionada com a idade (DMRI). A ingestão adequada de selénio pode ajudar a manter a visão e a proteger contra doenças oculares relacionadas

com a idade.
Desempenho no exercício físico: O selénio pode desempenhar um papel no desempenho e na recuperação do exercício. Está envolvido em mecanismos de defesa antioxidante que ajudam a contrariar o stress oxidativo induzido pelo exercício. Alguns estudos sugeriram que a suplementação com selénio pode melhorar o desempenho no exercício, reduzir os danos musculares e melhorar a recuperação. No entanto, é necessária mais investigação para estabelecer recomendações claras e compreender os mecanismos envolvidos.
Saúde gastrointestinal: O selénio tem sido estudado pelos seus potenciais benefícios para a saúde gastrointestinal. Pode ajudar a proteger o revestimento gastrointestinal dos danos oxidativos e da inflamação. As propriedades antioxidantes e anti-inflamatórias do selénio podem contribuir para reduzir o risco de perturbações gastrointestinais, como a gastrite e a doença inflamatória intestinal (DII). No entanto, é necessária mais investigação para determinar os mecanismos exactos e as aplicações potenciais.
Lembre-se de que as necessidades de selénio e os potenciais benefícios podem variar de indivíduo para indivíduo, e é geralmente recomendado obter selénio através de uma dieta equilibrada em vez de depender apenas de suplementos. Os alimentos ricos em selénio incluem castanhas do Brasil, marisco (como o atum e o camarão), carnes de órgãos, cereais integrais e leguminosas. Como sempre, consultar um profissional de saúde ou um nutricionista registado pode fornecer orientações e recomendações personalizadas com base nas suas necessidades e objectivos de saúde específicos.
Saúde reprodutiva: O selénio é importante para a saúde reprodutiva masculina e feminina. Nos homens, é essencial para a produção e maturação dos espermatozóides, e baixos níveis de selénio têm sido associados à redução da qualidade dos espermatozóides e a problemas de fertilidade. Nas mulheres, o selénio desempenha um papel na síntese das hormonas reprodutivas e pode contribuir para um ciclo menstrual saudável e para a fertilidade. A ingestão adequada de selénio é crucial para manter uma função reprodutiva óptima em ambos os sexos.
Função da tiroide: O selénio é um componente-chave das enzimas envolvidas na síntese e no metabolismo das hormonas da tiroide. Estas hormonas desempenham um papel crucial na regulação do metabolismo, crescimento e desenvolvimento. O selénio ajuda a proteger a glândula tiroide dos danos oxidativos e apoia a conversão da hormona tiroide inativa (T4) na sua forma ativa (T3). A deficiência de selénio pode prejudicar a função da tiroide e

contribuir para distúrbios da tiroide, como o hipotiroidismo e o bócio.

Desintoxicação do arsénio: O selénio tem sido estudado pelo seu potencial papel na atenuação dos efeitos tóxicos do arsénio, um elemento natural que pode contaminar a água e as fontes alimentares. A exposição ao arsénio está associada a vários problemas de saúde, incluindo lesões cutâneas, doenças cardiovasculares e certos tipos de cancro. O selénio pode interagir com o arsénio, formando compostos menos tóxicos que são mais facilmente excretados do corpo. No entanto, é necessária mais investigação para compreender plenamente a eficácia e as abordagens ideais para a suplementação com selénio em populações expostas ao arsénio.

Defesa antioxidante: O selénio é um componente essencial de várias enzimas antioxidantes, incluindo glutatião peroxidases e tioredoxina redutases. Estas enzimas ajudam a neutralizar os radicais livres nocivos e a proteger as células dos danos oxidativos. As propriedades antioxidantes do selénio estendem-se a vários tecidos e órgãos, contribuindo para a saúde celular global e reduzindo o risco de doenças crónicas associadas ao stress oxidativo.

Saúde dos ossos e das articulações: O selénio pode desempenhar um papel na saúde dos ossos e das articulações. Está envolvido na produção de proteínas e enzimas que contribuem para a formação e manutenção dos ossos. As propriedades antioxidantes do selénio podem também ajudar a proteger as articulações da inflamação e dos danos oxidativos. Alguns estudos sugeriram uma associação entre níveis baixos de selénio e um maior risco de osteoartrite, mas é necessária mais investigação para estabelecer uma ligação clara.

Diabetes e saúde metabólica: O selénio tem sido investigado pelos seus potenciais efeitos na diabetes e na saúde metabólica. Alguns estudos sugerem que a suplementação com selénio pode melhorar a sensibilidade à insulina, o metabolismo da glicose e os perfis lipídicos em indivíduos com diabetes ou síndrome metabólica. No entanto, é necessária mais investigação para determinar a dosagem ideal, a duração e os potenciais benefícios da suplementação com selénio nestas condições.

Saúde do cabelo, das unhas e da pele: O selénio contribui para a saúde e o aspeto do cabelo, das unhas e da pele. Está envolvido na produção de proteínas e enzimas que suportam a integridade estrutural destes tecidos. As propriedades antioxidantes do selénio também ajudam a proteger contra os danos oxidativos, que podem contribuir para o envelhecimento prematuro e as doenças da pele.

Lembre-se de que as necessidades de selénio podem variar em função de factores como a idade, o sexo e o estado de saúde. É geralmente recomendado obter selénio através de uma dieta equilibrada que inclua alimentos ricos em selénio, e a suplementação só deve ser considerada sob a orientação de um profissional de saúde. Se tiver preocupações ou condições de saúde específicas, é melhor consultar um profissional de saúde ou um nutricionista registado para obter aconselhamento e recomendações personalizadas.

Função imunitária: O selénio desempenha um papel crucial no apoio a um sistema imunitário saudável. Ajuda a regular as respostas imunitárias e aumenta a atividade das células imunitárias, como as células T e as células assassinas naturais. As propriedades antioxidantes do selénio também contribuem para a função imunitária, protegendo as células imunitárias dos danos oxidativos. Níveis adequados de selénio são importantes para uma resposta imunitária óptima e para a defesa contra infecções.

Saúde cardiovascular: O selénio pode ter efeitos benéficos na saúde cardiovascular. Ajuda a prevenir danos oxidativos no sistema cardiovascular e apoia a função dos vasos sanguíneos. As propriedades antioxidantes do selénio podem contribuir para reduzir o risco de doenças cardiovasculares, como doenças cardíacas e acidentes vasculares cerebrais. Alguns estudos sugeriram que a toma de suplementos de selénio pode melhorar determinados marcadores cardiovasculares, mas é necessária mais investigação para estabelecer recomendações claras e compreender todo o seu impacto.

Saúde mental: O selénio pode ter implicações para a saúde mental e o bem-estar. Está envolvido na síntese e no metabolismo dos neurotransmissores, que são essenciais para o bom funcionamento do cérebro e para a regulação do humor. Alguns estudos descobriram associações entre níveis baixos de selénio e um risco acrescido de perturbações do humor, como a depressão e a ansiedade. No entanto, é necessária mais investigação para determinar os mecanismos específicos e os potenciais benefícios do selénio na saúde mental.

Sinergia antioxidante: O selénio funciona em sinergia com outros antioxidantes, como as vitaminas C e E, para proporcionar uma maior proteção contra o stress oxidativo. Ajuda a regenerar estes antioxidantes e a manter a sua eficácia na neutralização dos radicais livres. Este efeito sinérgico contribui para a defesa antioxidante global do organismo e apoia a saúde celular.

Doenças auto-imunes: O selénio tem sido estudado pelo seu potencial papel em doenças auto-imunes, como a artrite reumatoide e doenças auto-imunes da tiroide (por exemplo, tiroidite de Hashimoto). Alguns estudos sugerem que a suplementação com selénio pode ajudar a modular as respostas imunitárias e a reduzir a atividade da doença em determinadas doenças auto-imunes. No entanto, são necessários mais estudos para estabelecer recomendações claras e compreender a utilização óptima do selénio nas doenças auto-imunes.

Degenerescência macular relacionada com a idade (DMRI): A DMRI é uma das principais causas de perda de visão em adultos mais velhos. O selénio tem sido investigado pelos seus potenciais efeitos protectores contra a DMRI. Alguns estudos sugerem que o selénio, juntamente com outros antioxidantes, pode ajudar a reduzir o risco ou a retardar a progressão da DMRI. No entanto, é necessária mais investigação para determinar a dose ideal e os benefícios a longo prazo.

Toxicidade do selénio: Embora o selénio seja essencial para a saúde, a ingestão excessiva de selénio pode ser tóxica. Níveis elevados de selénio podem levar à selenose, que se pode manifestar por sintomas como queda de cabelo, fragilidade das unhas, perturbações gastrointestinais e anomalias neurológicas. O nível superior tolerável de ingestão de selénio foi estabelecido para prevenir a toxicidade, pelo que é importante evitar a toma excessiva de suplementos de selénio.

É importante notar que os benefícios do selénio são melhor obtidos através de uma dieta equilibrada que inclui alimentos ricos em selénio, como castanhas do Brasil, marisco, aves, ovos e cereais integrais. As necessidades exactas de selénio podem variar com base em factores individuais, e consultar um profissional de saúde ou um nutricionista registado pode fornecer orientações personalizadas sobre a ingestão de selénio e o seu potencial impacto em condições de saúde específicas.

Reparação do ADN: O selénio desempenha um papel crucial nos mecanismos de reparação do ADN. Ajuda a manter a integridade do ADN e evita a acumulação de danos no ADN. O envolvimento do selénio nos processos de reparação do ADN é importante para a prevenção de mutações e para a manutenção da estabilidade genética.

Função cognitiva: O selénio tem sido estudado pelos seus potenciais efeitos na função cognitiva e na saúde do cérebro. Alguns estudos sugerem que o selénio pode ajudar a proteger contra o declínio cognitivo e doenças neurodegenerativas, como a doença de Alzheimer. As propriedades antioxidantes do selénio e o seu papel no apoio a uma função cerebral óptima contribuem para estes potenciais benefícios.

Condições inflamatórias: O selénio pode ter efeitos anti-inflamatórios e pode ajudar a modular as respostas inflamatórias no organismo. A inflamação crónica está associada ao desenvolvimento de várias doenças, incluindo

doenças cardiovasculares, doenças auto-imunes e certos tipos de cancro. A capacidade do selénio para reduzir a inflamação pode contribuir para os seus potenciais benefícios na gestão de doenças inflamatórias.
Cicatrização de feridas: O selénio está envolvido no processo de cicatrização de feridas. Apoia a reparação e regeneração dos tecidos, promovendo a síntese de colagénio e aumentando a atividade das células envolvidas na cicatrização de feridas, como os fibroblastos. Níveis adequados de selénio são importantes para a cicatrização ideal de feridas e tecidos recuperação.
Saúde do cabelo e das unhas: O selénio contribui para a saúde e o aspeto do cabelo e das unhas. Ajuda a manter a integridade estrutural do cabelo e das unhas e promove o seu crescimento. As propriedades antioxidantes do selénio também protegem os folículos capilares e as células das unhas dos danos oxidativos.
Autoimunidade da tiroide: As doenças auto-imunes da tiroide, como a tiroidite de Hashimoto e a doença de Graves, envolvem um ataque imunitário à glândula tiroide. A suplementação com selénio tem sido estudada pelos seus potenciais benefícios na redução da autoimunidade da tiroide e na melhoria da função da tiroide nestas condições. Alguns estudos sugerem que o selénio pode ajudar a reduzir os níveis de anticorpos da tiroide e melhorar os resultados clínicos das doenças auto-imunes da tiroide.
Selénio e prevenção do cancro: O selénio tem sido amplamente estudado pelo seu potencial papel na prevenção do cancro. Alguns estudos observacionais descobriram uma associação entre níveis mais elevados de selénio e um risco reduzido de determinados cancros, incluindo os cancros colorrectal, do pulmão, da próstata e da bexiga. No entanto, os ensaios clínicos que investigaram os efeitos da suplementação com selénio na prevenção do cancro produziram resultados mistos, sendo necessária mais investigação para estabelecer uma ligação clara entre o selénio e a redução do risco de cancro.
Lembre-se de que as necessidades de selénio podem variar em função de factores como a idade, o sexo e as condições de saúde. Geralmente, recomenda-se a obtenção de selénio através de uma dieta equilibrada que inclua alimentos ricos em selénio. A suplementação com selénio deve ser feita sob a orientação de um profissional de saúde, uma vez que a ingestão excessiva de selénio pode ser tóxica. Se tiver preocupações ou problemas de saúde específicos, consultar um profissional de saúde ou um nutricionista registado pode fornecer conselhos e recomendações personalizados sobre o selénio e o seu potencial impacto na sua saúde.
Selénio e quimioprevenção: O selénio tem sido estudado pelos seus

potenciais efeitos quimiopreventivos, particularmente na redução do risco de certos tipos de cancro. Alguns estudos sugerem que o selénio pode ajudar a inibir o crescimento de células cancerígenas e proteger contra danos no ADN que podem levar ao desenvolvimento do cancro. No entanto, as provas não são conclusivas e é necessária mais investigação para compreender os mecanismos específicos e a utilização ideal do selénio na prevenção do cancro.

O selénio e as doenças cardiovasculares: O papel do selénio na saúde cardiovascular vai para além das suas propriedades antioxidantes. Também influencia a expressão e a atividade dos genes envolvidos na função cardiovascular, na regulação da pressão arterial e no metabolismo dos lípidos. Alguns estudos sugerem que a suplementação com selénio pode ter um efeito protetor contra as doenças cardiovasculares, como a aterosclerose e as doenças cardíacas. No entanto, as provas são contraditórias e é necessária mais investigação para estabelecer recomendações claras.

Selénio e asma: O selénio pode desempenhar um papel no tratamento da asma, uma doença respiratória crónica caracterizada por inflamação e constrição das vias respiratórias. Alguns estudos descobriram que a suplementação com selénio pode ajudar a melhorar a função pulmonar e a reduzir os sintomas da asma, particularmente em indivíduos com baixos níveis de selénio. No entanto, é necessária mais investigação para determinar a dose ideal, a duração e os potenciais benefícios da suplementação com selénio no tratamento da asma.

Selénio e VIH/SIDA: O selénio tem sido investigado pelos seus potenciais efeitos em indivíduos que vivem com VIH/SIDA. A deficiência de selénio é comum em pessoas com VIH/SIDA e tem sido associada à progressão da doença e a complicações. Alguns estudos sugerem que a suplementação com selénio pode ajudar a melhorar a função imunitária, reduzir a carga viral do VIH e melhorar a resposta à terapia antirretroviral. No entanto, é necessária mais investigação para estabelecer recomendações claras e compreender o impacto total do selénio neste contexto.

Selénio e desempenho atlético: O selénio desempenha um papel no metabolismo do exercício e pode ter implicações no desempenho atlético. Está envolvido na produção de energia, na função muscular e na recuperação do stress oxidativo induzido pelo exercício. Alguns estudos sugeriram que a suplementação com selénio pode melhorar o desempenho do exercício e reduzir os danos musculares induzidos pelo exercício. No entanto, as provas são limitadas e inconsistentes, sendo necessária mais investigação para determinar os benefícios específicos e a utilização óptima do selénio nos atletas.

Selénio e saúde ocular: O selénio tem sido estudado pelos seus potenciais benefícios na manutenção da saúde ocular. Está envolvido na produção da enzima antioxidante glutationa peroxidase, que ajuda a proteger os olhos dos danos oxidativos. Alguns estudos sugerem que o selénio, juntamente com outros antioxidantes, pode ajudar a reduzir o risco de degenerescência macular relacionada com a idade (DMRI) e outras doenças oculares. No entanto, são necessários mais estudos para determinar a dosagem ideal e os benefícios a longo prazo do selénio para a saúde dos olhos.

É importante notar que, embora o selénio seja essencial para a saúde, a ingestão excessiva de selénio pode ser tóxica. O limite superior tolerável de ingestão de selénio foi estabelecido para evitar a toxicidade. Recomenda-se que obtenha selénio através de uma dieta equilibrada que inclua alimentos ricos em selénio e que consulte um profissional de saúde ou um nutricionista registado para obter aconselhamento e recomendações personalizadas relativamente à ingestão de selénio, suplementos e o seu potencial impacto em condições de saúde específicas.

Selénio e fertilidade masculina: O selénio é importante para a saúde reprodutiva masculina. Está envolvido na produção e desenvolvimento de células de esperma. As propriedades antioxidantes do selénio ajudam a proteger os espermatozóides dos danos oxidativos, que podem afetar a qualidade do esperma e a fertilidade. Alguns estudos sugerem que a suplementação com selénio pode melhorar a motilidade e a contagem dos espermatozóides em homens com problemas de infertilidade. No entanto, é necessária mais investigação para estabelecer recomendações claras e compreender o impacto total do selénio na fertilidade masculina.

Selénio e saúde dos ossos: O selénio desempenha um papel na manutenção de ossos saudáveis. Está envolvido na síntese e no metabolismo do tecido ósseo, e níveis adequados de selénio são importantes para um desenvolvimento e força óssea ideais. Alguns estudos sugerem que níveis baixos de selénio podem estar associados a um maior risco de osteoporose e fracturas. No entanto, são necessários mais estudos para determinar os mecanismos específicos e os potenciais benefícios do selénio na saúde óssea.

Selénio e diabetes: O selénio tem sido estudado pelos seus potenciais efeitos no controlo da diabetes. Alguns estudos sugerem que a suplementação com selénio pode ajudar a melhorar o controlo da glicose e a sensibilidade à insulina em indivíduos com diabetes tipo 2. As propriedades antioxidantes do selénio e o seu papel na regulação da inflamação podem contribuir para estes potenciais benefícios. No entanto, é necessária mais investigação para estabelecer recomendações claras e determinar a utilização ideal do selénio no controlo da diabetes.

Selénio e saúde da tiroide: O selénio é essencial para o bom funcionamento da tiroide. É um componente das enzimas envolvidas no metabolismo das hormonas da tiroide. O selénio ajuda a converter a forma inativa da hormona da tiroide (T4) na sua forma ativa (T3) e apoia o sistema de defesa antioxidante da glândula tiroide. Níveis adequados de selénio são importantes para uma tiroide óptima

produção e funcionamento das hormonas. A deficiência de selénio pode contribuir para distúrbios da tiroide, como o hipotiroidismo e o bócio. No entanto, a ingestão excessiva de selénio também pode afetar a função da tiroide, pelo que é importante manter uma ingestão equilibrada de selénio.

Selénio e saúde do fígado: O selénio desempenha um papel na saúde e função do fígado. Está envolvido na síntese e no metabolismo das enzimas hepáticas e apoia o sistema de defesa antioxidante do fígado. As propriedades antioxidantes do selénio ajudam a proteger as células do fígado dos danos oxidativos e apoiam os processos de desintoxicação. Alguns estudos sugerem que a suplementação com selénio pode ter benefícios em indivíduos com doenças hepáticas, como a hepatite e a doença hepática gorda não alcoólica (NAFLD). No entanto, é necessária mais investigação para estabelecer recomendações claras e compreender a utilização óptima do selénio na saúde do fígado.

É importante notar que as necessidades de selénio podem variar em função de factores como a idade, o sexo e as condições de saúde. Embora o selénio seja essencial para a saúde, a ingestão excessiva de selénio pode ser tóxica. O nível superior tolerável de ingestão de selénio é definido para evitar a toxicidade. Geralmente, recomenda-se a obtenção de selénio através de uma dieta equilibrada que inclua alimentos ricos em selénio. A consulta de um profissional de saúde ou de um nutricionista registado pode fornecer conselhos e recomendações personalizados relativamente à ingestão de selénio, à toma de suplementos e ao seu potencial impacto em condições de saúde específicas.

Selénio e tratamento do cancro: O selénio tem sido estudado pelo seu potencial papel no aumento da eficácia dos tratamentos contra o cancro, como a quimioterapia e a radioterapia. Alguns estudos sugerem que a suplementação com selénio pode ajudar a melhorar os resultados do tratamento, reduzir os efeitos secundários e aumentar a resposta do organismo às terapias anticancerígenas. No entanto, é necessária mais investigação para compreender os mecanismos específicos e a utilização

óptima do selénio no tratamento do cancro.
Selénio e declínio cognitivo: O selénio tem sido investigado pelo seu potencial papel na prevenção do declínio cognitivo e de doenças neurodegenerativas, como a doença de Alzheimer e a doença de Parkinson. Alguns estudos descobriram associações entre níveis mais elevados de selénio e melhor função cognitiva em adultos mais velhos. As propriedades antioxidantes do selénio e o seu envolvimento na saúde e função cerebral podem contribuir para estes potenciais benefícios. No entanto, é necessária mais investigação para estabelecer recomendações claras e compreender o impacto específico do selénio na saúde cognitiva.
Selénio e gravidez: O selénio é importante para uma gravidez saudável. Está envolvido no desenvolvimento e crescimento fetal, bem como na manutenção da saúde materna. As propriedades antioxidantes do selénio ajudam a proteger as células fetais em desenvolvimento dos danos oxidativos. Alguns estudos sugerem que a toma de suplementos de selénio durante a gravidez pode ter benefícios, como a redução do risco de parto prematuro e a melhoria do crescimento fetal. No entanto, são necessários mais estudos para determinar a dose ideal e os potenciais benefícios da suplementação com selénio durante a gravidez.
Selénio e toxicidade do arsénio: O selénio tem sido estudado pelo seu papel potencial na atenuação dos efeitos tóxicos da exposição ao arsénio. O arsénio é um elemento tóxico encontrado em algumas fontes de água e pode ter efeitos prejudiciais para a saúde. Alguns estudos sugerem que a suplementação com selénio pode ajudar a reduzir os efeitos tóxicos do arsénio e proteger contra os seus efeitos nocivos no organismo. No entanto, é necessária mais investigação para estabelecer recomendações claras e compreender os mecanismos específicos do selénio na atenuação da toxicidade do arsénio.
Selénio e queda de cabelo: O selénio tem sido associado à saúde do cabelo, e níveis baixos de selénio têm sido associados à queda de cabelo e a outros problemas relacionados com o cabelo. As propriedades antioxidantes do selénio ajudam a proteger os folículos capilares e a manter a sua saúde. Alguns estudos sugerem que a suplementação com selénio pode ajudar a melhorar o crescimento do cabelo e a reduzir a queda de cabelo em determinados casos. No entanto, é necessária mais investigação para determinar os mecanismos específicos e a utilização óptima do selénio para a saúde do cabelo.
É importante notar que, embora o selénio seja essencial para a saúde, a ingestão excessiva de selénio pode ser tóxica. O nível máximo tolerável de

ingestão de selénio foi estabelecido para evitar a toxicidade. Geralmente, recomenda-se a obtenção de selénio através de uma dieta equilibrada que inclua alimentos ricos em selénio. A consulta de um profissional de saúde ou de um nutricionista registado pode fornecer conselhos e recomendações personalizados relativamente à ingestão de selénio, à toma de suplementos e ao seu potencial impacto em condições de saúde específicas.

Selénio e função imunitária: O selénio desempenha um papel vital no apoio a um sistema imunitário saudável. Está envolvido na produção e função das células imunitárias, como as células T e as células assassinas naturais, que ajudam a defender o corpo contra infecções e doenças. As propriedades antioxidantes do selénio ajudam a proteger as células imunitárias dos danos oxidativos e apoiam o seu funcionamento ideal. Níveis adequados de selénio são importantes para manter uma resposta imunitária robusta.

Selénio e perturbações do humor: O selénio tem sido estudado pelos seus potenciais efeitos no humor e na saúde mental. Alguns estudos sugerem que a toma de suplementos de selénio pode ajudar a melhorar o humor e a reduzir os sintomas de depressão. As propriedades antioxidantes do selénio e o seu envolvimento no metabolismo dos neurotransmissores podem contribuir para estes potenciais benefícios. No entanto, é necessária mais investigação para estabelecer recomendações claras e compreender o impacto específico do selénio nas perturbações do humor.

Selénio e saúde respiratória: O selénio tem sido investigado pelo seu potencial papel na saúde respiratória. Está envolvido no sistema de defesa antioxidante dos pulmões e ajuda a proteger o tecido pulmonar dos danos oxidativos. Alguns estudos sugerem que a suplementação com selénio pode ter benefícios em doenças respiratórias como a asma e a doença pulmonar obstrutiva crónica (DPOC). No entanto, são necessários mais estudos para determinar a utilização óptima do selénio na saúde respiratória.

Selénio e doenças auto-imunes: O selénio tem sido estudado pelo seu potencial papel nas doenças auto-imunes, em que o sistema imunitário ataca erradamente os tecidos do próprio corpo. Alguns estudos sugerem que a suplementação com selénio pode ajudar a modular as respostas imunitárias e reduzir a inflamação em doenças auto-imunes como a artrite reumatoide e a esclerose múltipla. No entanto, é necessária mais investigação para estabelecer recomendações claras e compreender o impacto específico do selénio nas doenças auto-imunes.

O selénio e o envelhecimento: O selénio tem sido investigado pelo seu potencial papel no envelhecimento saudável. Alguns estudos sugerem que níveis mais elevados de selénio podem estar associados a uma melhor saúde geral e longevidade. As propriedades antioxidantes do selénio e o seu papel na função celular e na integridade do ADN podem contribuir para estes potenciais benefícios. No entanto, a relação entre o selénio e o envelhecimento é complexa, sendo necessária mais investigação para compreender os mecanismos específicos e o estado ideal de selénio para um envelhecimento saudável.

É importante notar que as necessidades de selénio podem variar em função de factores como a idade, o sexo e as condições de saúde. Embora o selénio seja essencial para a saúde, a ingestão excessiva de selénio pode ser tóxica. O nível superior tolerável de ingestão de selénio é definido para evitar a toxicidade. Geralmente, recomenda-se a obtenção de selénio através de uma dieta equilibrada que inclua alimentos ricos em selénio. A consulta de um profissional de saúde ou de um nutricionista registado pode fornecer conselhos e recomendações personalizados relativamente à ingestão de selénio, à toma de suplementos e ao seu potencial impacto em condições de saúde específicas.

Selénio e distúrbios da tiroide: O selénio desempenha um papel crucial na função da tiroide. Está envolvido na síntese e no metabolismo das hormonas da tiroide, que regulam várias funções corporais, incluindo o metabolismo, o crescimento e o desenvolvimento. O selénio ajuda a converter a hormona da tiroide inativa (T4) na forma ativa (T3) e protege a glândula tiroide dos danos oxidativos. A deficiência de selénio tem sido associada a um risco acrescido de perturbações da tiroide, como o hipotiroidismo e a tiroidite autoimune (doença de Hashimoto). Níveis adequados de selénio são importantes para manter a função óptima da tiroide e apoiar a saúde geral da tiroide.

Selénio e saúde da próstata: O selénio tem sido estudado pelo seu potencial papel na saúde da próstata. Alguns estudos sugerem que a toma de suplementos de selénio pode ajudar a reduzir o risco de cancro da próstata e a melhorar a saúde da próstata. As propriedades antioxidantes do selénio e o seu envolvimento nos processos de reparação do ADN podem contribuir para estes potenciais benefícios. No entanto, as provas não são conclusivas e é necessária mais investigação para determinar o impacto específico do selénio na saúde da próstata.

Selénio e saúde intestinal: O selénio tem sido investigado pelos seus potenciais efeitos na saúde intestinal e nas doenças inflamatórias intestinais (DII), como a doença de Crohn e a colite ulcerosa. Alguns estudos sugerem que a suplementação com selénio pode ajudar a reduzir a inflamação, o stress oxidativo e melhorar a função de barreira intestinal em indivíduos com DII. As propriedades antioxidantes e anti-inflamatórias do selénio podem

contribuir para estes potenciais benefícios. No entanto, é necessária mais investigação para estabelecer recomendações claras e compreender a utilização óptima do selénio na saúde intestinal e na gestão da DII.
Selénio e a saúde do cabelo e das unhas: O selénio desempenha um papel importante na manutenção de um cabelo e unhas saudáveis. Está envolvido na produção de proteínas que formam a estrutura do cabelo e das unhas, e a deficiência de selénio pode levar a unhas quebradiças e à queda de cabelo. Alguns estudos sugerem que a suplementação com selénio pode ajudar a melhorar a saúde do cabelo e das unhas em casos de deficiência de selénio. No entanto, é necessária mais investigação para determinar os mecanismos específicos e a utilização óptima do selénio para a saúde do cabelo e das unhas.
Selénio e saúde metabólica: O selénio tem sido investigado pelos seus potenciais efeitos na saúde metabólica, incluindo o metabolismo da glicose e a sensibilidade à insulina. Alguns estudos sugerem que a suplementação com selénio pode ajudar a melhorar a sensibilidade à insulina e reduzir o risco de distúrbios metabólicos, como a diabetes tipo 2 e a síndrome metabólica. As propriedades antioxidantes do selénio e o seu envolvimento no metabolismo energético celular podem contribuir para estes potenciais benefícios. No entanto, é necessária mais investigação para estabelecer recomendações claras e compreender o impacto específico do selénio na saúde metabólica.
É importante notar que as necessidades de selénio podem variar em função de factores como a idade, o sexo e as condições de saúde. Embora o selénio seja essencial para a saúde, a ingestão excessiva de selénio pode ser tóxica. O nível superior tolerável de ingestão de selénio é definido para evitar a toxicidade. Geralmente, recomenda-se a obtenção de selénio através de uma dieta equilibrada que inclua alimentos ricos em selénio. A consulta de um profissional de saúde ou de um nutricionista registado pode fornecer conselhos e recomendações personalizados relativamente à ingestão de selénio, à toma de suplementos e ao seu potencial impacto em condições de saúde específicas.
Selénio e saúde cardiovascular: O selénio tem sido estudado pelo seu potencial papel na promoção da saúde cardiovascular. Alguns estudos sugerem que o selénio pode ter efeitos protectores contra doenças cardiovasculares, como doenças cardíacas e acidentes vasculares cerebrais. As propriedades antioxidantes do selénio ajudam a reduzir o stress oxidativo e a inflamação, que são os principais contribuintes para os danos cardiovasculares. Além disso, o selénio está envolvido na produção e no metabolismo de determinadas enzimas e proteínas que desempenham um

papel na manutenção da saúde cardiovascular. No entanto, é necessária mais investigação para estabelecer recomendações claras e compreender o impacto específico do selénio na saúde cardiovascular.
Selénio e saúde ocular: O selénio é importante para manter os olhos saudáveis e a visão. É um componente de enzimas que estão envolvidas em mecanismos de defesa antioxidante nos olhos, protegendo-os de danos oxidativos. As propriedades antioxidantes do selénio podem ajudar a prevenir a degenerescência macular relacionada com a idade (DMRI), as cataratas e outras doenças oculares. Alguns estudos sugerem que a suplementação com selénio pode ser benéfica para indivíduos em risco de contrair estas doenças oculares. No entanto, é necessária mais investigação para determinar a dosagem ideal e os potenciais benefícios da suplementação com selénio para a saúde ocular.
Selénio e desempenho no exercício: O selénio tem sido investigado pelos seus potenciais efeitos no desempenho e na recuperação do exercício. Alguns estudos sugerem que a suplementação com selénio pode ajudar a melhorar a resistência, reduzir o stress oxidativo induzido pelo exercício e apoiar a recuperação muscular. As propriedades antioxidantes do selénio e o seu envolvimento no metabolismo energético e na função muscular podem contribuir para estes potenciais benefícios. No entanto, é necessária mais investigação para estabelecer recomendações claras e compreender o impacto específico do selénio no desempenho do exercício.
Selénio e saúde da pele: O selénio desempenha um papel na manutenção de uma pele saudável. Está envolvido na produção de antioxidantes que protegem a pele dos danos oxidativos e promovem a regeneração das células da pele. As propriedades antioxidantes do selénio podem ajudar a reduzir a inflamação e proteger contra doenças da pele como o acne e a dermatite. Alguns estudos sugerem que a toma de suplementos de selénio ou a aplicação tópica de selénio podem ter benefícios para determinadas doenças da pele. No entanto, é necessária mais investigação para determinar a utilização ideal do selénio para a saúde da pele e o seu potencial impacto em várias doenças da pele.
Selénio e prevenção do cancro: O selénio tem sido estudado pelo seu potencial papel na prevenção do cancro. Alguns estudos sugerem que a ingestão adequada de selénio pode ajudar a reduzir o risco de certos tipos de cancro, como o cancro da próstata, do pulmão, colorrectal e da bexiga. As propriedades antioxidantes do selénio e o seu envolvimento na reparação do ADN e na regulação do ciclo celular podem contribuir para estes potenciais benefícios. No entanto, a relação entre o selénio e o cancro é complexa,

sendo necessária mais investigação para estabelecer recomendações claras e compreender o impacto específico do selénio nos diferentes tipos de cancro. Lembre-se de que as necessidades de selénio podem variar em função de factores como a idade, o sexo e as condições de saúde. Embora o selénio seja essencial para a saúde, a ingestão excessiva de selénio pode ser tóxica. O nível superior tolerável de ingestão de selénio é definido para evitar a toxicidade. Geralmente, recomenda-se a obtenção de selénio através de uma dieta equilibrada que inclua alimentos ricos em selénio. Consultar um profissional de saúde ou um nutricionista registado pode fornecer aconselhamento personalizado e recomendações relativamente à ingestão de selénio, suplementos e o seu potencial impacto em condições de saúde específicas.

O Selénio e a Fertilidade Masculina: O selénio é essencial para a saúde reprodutiva masculina. Está envolvido na produção e desenvolvimento de células de esperma. As propriedades antioxidantes do selénio ajudam a proteger os espermatozóides dos danos oxidativos, que podem afetar a sua qualidade e motilidade. Alguns estudos sugerem que a suplementação com selénio pode melhorar os parâmetros do esperma, como a contagem, a motilidade e a morfologia, em homens com problemas de infertilidade. No entanto, é necessária mais investigação para estabelecer recomendações claras e compreender o impacto específico do selénio na fertilidade masculina.

Selénio e saúde do fígado: O selénio desempenha um papel na manutenção da saúde e função do fígado. Está envolvido no sistema de defesa antioxidante do fígado, protegendo-o dos danos oxidativos e apoiando os processos de desintoxicação. A deficiência de selénio tem sido associada a doenças do fígado, como a cirrose e a hepatite. Alguns estudos sugerem que a suplementação com selénio pode ter benefícios na melhoria da função hepática e na redução dos danos no fígado. No entanto, é necessária mais investigação para determinar a melhor utilização do selénio para a saúde do fígado.

Selénio e saúde óssea: O selénio tem sido estudado pelos seus potenciais efeitos na saúde óssea. Está envolvido na síntese e no metabolismo do tecido ósseo. Alguns estudos sugerem que a suplementação com selénio pode ajudar a melhorar a densidade mineral óssea e a reduzir o risco de osteoporose. As propriedades antioxidantes do selénio e o seu envolvimento na regulação do metabolismo ósseo podem contribuir para estes potenciais benefícios. No entanto, é necessária mais investigação para estabelecer recomendações claras e compreender o impacto específico do selénio na saúde óssea.

Selénio e cicatrização de feridas: O selénio tem sido investigado pelo seu potencial papel na cicatrização de feridas. Está envolvido em vários processos relacionados com a reparação e regeneração dos tecidos. As propriedades antioxidantes do selénio e o seu envolvimento na função imunitária podem contribuir para os seus potenciais benefícios na cicatrização de feridas. Alguns estudos sugerem que a suplementação com selénio pode ajudar a melhorar os resultados da cicatrização de feridas. No entanto, é necessária mais investigação para determinar a utilização óptima do selénio na cicatrização de feridas e o seu potencial impacto em diferentes tipos de feridas.

Selénio e a saúde do cabelo e das unhas: O selénio desempenha um papel importante na manutenção de um cabelo e unhas saudáveis. Está envolvido na produção de proteínas que formam a estrutura do cabelo e das unhas, e a deficiência de selénio pode levar a unhas quebradiças e à queda de cabelo. Alguns estudos sugerem que a suplementação com selénio pode ajudar a melhorar a saúde do cabelo e das unhas em casos de deficiência de selénio. No entanto, é necessária mais investigação para determinar os mecanismos específicos e a utilização óptima do selénio para a saúde do cabelo e das unhas.

É importante notar que as necessidades de selénio podem variar em função de factores como a idade, o sexo e as condições de saúde. Embora o selénio seja essencial para a saúde, a ingestão excessiva de selénio pode ser tóxica. O nível superior tolerável de ingestão de selénio é definido para evitar a toxicidade. Geralmente, recomenda-se a obtenção de selénio através de uma dieta equilibrada que inclua alimentos ricos em selénio. A consulta de um profissional de saúde ou de um nutricionista registado pode fornecer conselhos e recomendações personalizados relativamente à ingestão de selénio, à toma de suplementos e ao seu potencial impacto em condições de saúde específicas.

2-1 O selénio na saúde dos ossos

O selénio é um mineral essencial que desempenha um papel vital em vários aspectos da saúde humana, incluindo a saúde óssea. Embora o papel do selénio na saúde óssea não esteja tão bem estudado como o de outros minerais como o cálcio e a vitamina D, acredita-se que tenha vários efeitos benéficos.

Atividade antioxidante: O selénio é um componente de várias enzimas antioxidantes, como a glutationa peroxidase, que ajudam a proteger as células dos danos oxidativos. O stress oxidativo pode contribuir para a perda óssea e o desenvolvimento da osteoporose. Ao reduzir o stress oxidativo, o selénio pode ajudar a manter a saúde dos ossos.

Efeitos anti-inflamatórios: A inflamação crónica pode ter um impacto negativo na saúde óssea e contribuir para a perda óssea. Verificou-se que o selénio tem propriedades anti-inflamatórias e pode ajudar a reduzir a inflamação nos tecidos ósseos.

Função tiroideia: O selénio é essencial para o bom funcionamento da glândula tiroide. A tiroide desempenha um papel crucial no metabolismo ósseo, e qualquer perturbação na função da tiroide pode afetar a saúde dos ossos. O selénio ajuda na conversão das hormonas da tiroide e apoia a função da tiroide, contribuindo indiretamente para a saúde dos ossos.

Mineralização óssea: O selénio está envolvido na síntese e ativação da vitamina D, que é importante para a absorção de cálcio e mineralização óssea. Níveis adequados de selénio podem apoiar a utilização correta da vitamina D, promovendo a saúde óssea.

É importante notar que, embora o selénio seja necessário para uma saúde óptima, a sua ingestão excessiva pode ser prejudicial. A dose dietética recomendada (DDR) de selénio é de 55 microgramas por dia para adultos. É geralmente aconselhado obter selénio através de uma dieta equilibrada em vez de depender apenas de suplementos.

Boas fontes dietéticas de selénio incluem castanhas do Brasil, marisco (como atum, camarão e salmão), carnes de órgãos (como fígado e rim), cereais integrais e certos vegetais (como brócolos e cogumelos).

Tal como acontece com qualquer problema de saúde específico, é sempre aconselhável consultar um profissional de saúde ou um nutricionista registado para obter aconselhamento personalizado e recomendações adaptadas às suas necessidades individuais.

Desenvolvimento e crescimento ósseo: O selénio está envolvido no desenvolvimento e crescimento dos ossos durante a infância e a adolescência. Uma ingestão adequada de selénio durante estas fases é importante para a formação de ossos fortes e saudáveis.

Prevenção da osteoporose: A osteoporose é uma doença caracterizada por uma baixa densidade óssea e um risco acrescido de fracturas. Embora o cálcio e a vitamina D sejam amplamente reconhecidos como nutrientes essenciais para a saúde óssea e para a prevenção da osteoporose, a investigação emergente sugere que o selénio também pode desempenhar um papel importante. Estudos revelaram que níveis baixos de selénio estão associados a um risco acrescido de osteoporose e fracturas, particularmente em mulheres pós-menopáusicas.

Interação com outros nutrientes: O selénio funciona em sinergia com outros nutrientes envolvidos na saúde óssea. Por exemplo, interage com a vitamina E e a vitamina C para aumentar as suas propriedades antioxidantes, o que pode proteger ainda mais as células ósseas de danos. O selénio também interage com aminoácidos contendo enxofre, como a cisteína, para formar selenocisteína, um componente essencial das enzimas dependentes de selénio envolvidas no metabolismo ósseo.

Remodelação e reparação óssea: O selénio está envolvido na regulação da remodelação óssea, um processo contínuo de reabsorção e formação óssea. Ajuda a manter um equilíbrio entre a formação óssea pelos osteoblastos e a reabsorção óssea pelos osteoclastos, assegurando assim uma renovação óssea saudável. A deficiência de selénio pode perturbar este equilíbrio e ter um impacto negativo nos processos de remodelação e reparação óssea.

Perda óssea relacionada com a idade: À medida que as pessoas envelhecem, a densidade mineral óssea diminui naturalmente, levando a um aumento do risco de fracturas e osteoporose. Alguns estudos sugerem que a ingestão adequada de selénio pode ajudar a abrandar a perda óssea relacionada com a idade e a preservar a saúde óssea em adultos mais velhos.

É importante notar que, embora o selénio possa contribuir para a saúde óssea, deve ser considerado como parte de uma abordagem abrangente que inclui uma dieta equilibrada, atividade física regular e outros factores de estilo de vida que apoiam a saúde óssea. Além disso, factores individuais como a idade, o sexo, a saúde geral e as condições médicas existentes podem influenciar o impacto do selénio na saúde óssea. Por conseguinte, é sempre aconselhável consultar um profissional de saúde para obter aconselhamento e orientação personalizados.

Densidade óssea: Verificou-se que o selénio desempenha um papel na manutenção da densidade óssea. Estudos sugerem que níveis baixos de selénio estão associados a uma menor densidade mineral óssea, que é um fator chave para determinar a força óssea e a resistência a fracturas. Ao manter níveis óptimos de selénio, os indivíduos podem ajudar a manter uma densidade óssea saudável.

Formação óssea: O selénio está envolvido na síntese de colagénio, uma proteína que forma a estrutura dos ossos. O colagénio fornece a base para a mineralização óssea, e são necessários níveis adequados de selénio para a formação e manutenção adequadas do colagénio. Ao apoiar a síntese de colagénio, o selénio contribui indiretamente para a formação e força dos ossos.

Regulação hormonal: O selénio pode ter um papel na regulação hormonal, especificamente relacionado com a saúde óssea. Hormonas como o estrogénio e a testosterona desempenham papéis cruciais no metabolismo e manutenção dos ossos. Verificou-se que o selénio influencia os níveis e a atividade das hormonas, o que pode ter um impacto na saúde óssea. No entanto, é necessária mais investigação para compreender plenamente os mecanismos e o significado do papel do selénio na regulação hormonal e na saúde óssea.

Modulação do sistema imunitário: O selénio é conhecido por modular a função do sistema imunitário, e as células imunitárias desempenham um papel na remodelação e reparação óssea. A inflamação crónica e a desregulação do sistema imunitário podem afetar negativamente a saúde óssea. As propriedades imunomoduladoras do selénio podem ajudar a manter um equilíbrio saudável nas respostas imunitárias, contribuindo para a saúde geral dos ossos.

O selénio e as doenças relacionadas com os ossos: Alguns estudos exploraram a potencial relação entre o selénio e doenças relacionadas com os ossos, como a osteoartrite e a artrite reumatoide. As propriedades antioxidantes e anti-inflamatórias do selénio podem ajudar a reduzir o stress oxidativo e a inflamação nos tecidos das articulações, o que pode trazer benefícios para os indivíduos com estas doenças. No entanto, é necessária mais investigação para estabelecer uma ligação clara entre o selénio e estas doenças específicas relacionadas com os ossos.

É importante notar que, embora o selénio seja benéfico para a saúde dos ossos, deve ser consumido com moderação. A ingestão excessiva de selénio pode ter efeitos adversos na saúde. A dose diária recomendada de selénio varia em função da idade, do sexo e de vários factores. É sempre aconselhável consultar um profissional de saúde ou um nutricionista registado para determinar a ingestão de selénio adequada às suas necessidades específicas.

Além disso, vale a pena mencionar que manter o equilíbrio nutricional geral é crucial para a saúde dos ossos. Uma dieta equilibrada que inclua outros nutrientes essenciais, como o cálcio, a vitamina D, o magnésio e a vitamina K, juntamente com exercício físico regular e um estilo de vida saudável, é essencial para uma saúde óssea óptima.

Metabolismo ósseo: O selénio está envolvido na regulação do metabolismo ósseo, que engloba os processos de formação e reabsorção óssea. As enzimas dependentes do selénio, como a glutationa peroxidase, desempenham um papel na manutenção do equilíbrio entre estes processos. Ao apoiar a atividade destas enzimas, o selénio ajuda a garantir a remodelação e a renovação óssea adequadas.

Osteoclastogénese: Os osteoclastos são células responsáveis pela reabsorção óssea, um processo natural em que o tecido ósseo velho ou danificado é decomposto. Descobriu-se que o selénio inibe a osteoclastogénese, a formação de osteoclastos, reduzindo assim a reabsorção óssea excessiva. Isto pode ajudar a prevenir a perda óssea e a manter a densidade óssea.

Selénio e resistência óssea: O papel do selénio na síntese do colagénio é crucial para a resistência dos ossos. O colagénio fornece a estrutura sobre a qual os minerais, como o cálcio e o fósforo, são depositados para formar o tecido ósseo. Ao apoiar a síntese de colagénio, o selénio contribui para a integridade estrutural e a força dos ossos.

Selénio e risco de fratura: Alguns estudos sugerem que níveis baixos de selénio podem estar associados a um maior risco de fracturas. A ingestão adequada de selénio, em combinação com outros nutrientes essenciais, pode ajudar a reduzir o risco de fracturas, apoiando a saúde óssea e mantendo a densidade óssea.

Selénio e doenças ósseas: O selénio tem sido investigado pelo seu papel potencial em várias doenças ósseas. Por exemplo, estudos exploraram a associação entre o estado do selénio e a osteoporose, osteoartrite e osteomalácia. Embora seja necessária mais investigação para estabelecer uma causalidade e mecanismos claros, a manutenção de níveis óptimos de selénio através de uma dieta equilibrada pode oferecer benefícios potenciais para indivíduos com estas doenças.

É importante notar que o selénio deve ser obtido a partir de fontes dietéticas em vez de depender apenas de suplementos. Embora a deficiência de selénio possa ter um impacto negativo na saúde óssea, a ingestão excessiva de selénio pode ser tóxica. O nível superior tolerável de ingestão de selénio é de 400 microgramas por dia para adultos. Recomenda-se sempre a consulta de um profissional de saúde para determinar a ingestão adequada de selénio para as suas necessidades específicas e para garantir o equilíbrio nutricional geral.

Em resumo, o selénio desempenha um papel multifacetado na saúde óssea, apoiando o metabolismo ósseo, a síntese de colagénio e a força óssea. A ingestão adequada de selénio, juntamente com uma dieta equilibrada e um estilo de vida que promova a saúde óssea, pode contribuir para a manutenção de ossos fortes e saudáveis.

Selénio e mineralização óssea: O selénio está envolvido no processo de mineralização óssea, que é a deposição de minerais, como o cálcio e o fósforo, na matriz de colagénio dos ossos. O selénio ajuda na conversão da vitamina D na sua forma ativa, que é necessária para a absorção e utilização do cálcio. Ao apoiar o metabolismo da vitamina D, o selénio contribui indiretamente para uma mineralização óssea adequada.

Selénio e densidade óssea: Níveis baixos de selénio têm sido associados a uma menor densidade mineral óssea, que é uma medida da quantidade de minerais presentes nos ossos. Uma densidade mineral óssea mais elevada indica ossos mais fortes e mais densos. A ingestão adequada de selénio pode ajudar a manter uma densidade óssea óptima e a reduzir o risco de fracturas.

O selénio e a cicatrização óssea: O selénio pode desempenhar um papel na cicatrização óssea e na reparação de fracturas. Estudos sugerem que a suplementação com selénio pode melhorar a cicatrização óssea, promovendo a atividade dos osteoblastos (células formadoras de osso) e a síntese de colagénio. As propriedades antioxidantes do selénio podem também ajudar a reduzir o stress oxidativo e a inflamação, apoiando o processo de cicatrização.

O selénio e as doenças relacionadas com os ossos: Alguns estudos exploraram as potenciais ligações entre o selénio e certas doenças relacionadas com os ossos. Por exemplo, a deficiência de selénio tem sido associada a um risco acrescido de doença de Kashin-Beck, que é uma doença crónica dos ossos e das articulações prevalecente em certas regiões com solos pobres em selénio. A suplementação com selénio tem-se revelado promissora na redução da incidência e da gravidade desta doença.

O selénio e os marcadores de renovação óssea: Os marcadores de renovação óssea são substâncias presentes no sangue ou na urina que reflectem a taxa de remodelação óssea. Estudos encontraram associações entre os níveis de selénio e os marcadores de renovação óssea, indicando um papel potencial do selénio na regulação dos processos de remodelação óssea.

O selénio e a qualidade dos ossos: Para além da densidade óssea, a qualidade dos ossos é um aspeto importante da saúde óssea. As propriedades antioxidantes do selénio podem ajudar a proteger as células ósseas dos danos oxidativos, promovendo uma melhor qualidade óssea e reduzindo o risco de fracturas.

É importante notar que, embora o selénio possa contribuir para a saúde dos ossos, é apenas um componente de uma abordagem abrangente para manter os ossos saudáveis. Outros factores, como uma dieta equilibrada rica em nutrientes essenciais, exercício físico regular e evitar factores de risco como o tabagismo e o consumo excessivo de álcool, também desempenham um papel crucial na saúde óssea.

Como sempre, recomenda-se a consulta de um profissional de saúde ou de um nutricionista registado para obter aconselhamento personalizado e orientações adaptadas às suas necessidades de saúde específicas.

O selénio e a qualidade dos ossos: As propriedades antioxidantes do selénio ajudam a proteger as células ósseas dos danos oxidativos causados pelos radicais livres. O stress oxidativo pode levar à disfunção das células ósseas e contribuir para a perda óssea. Ao reduzir o stress oxidativo, o selénio promove uma melhor qualidade e integridade óssea.

O selénio e a resistência óssea: O selénio está envolvido na formação e na ligação cruzada das fibras de colagénio no tecido ósseo. O colagénio proporciona flexibilidade e resistência aos ossos, enquanto os minerais como o cálcio proporcionam dureza. O papel do selénio na síntese do colagénio contribui para a resistência e durabilidade gerais dos ossos.

O selénio e a remodelação óssea: A remodelação óssea é um processo contínuo de reabsorção óssea pelos osteoclastos e de formação óssea pelos osteoblastos. O selénio ajuda a manter o equilíbrio entre estes dois processos, assegurando uma remodelação óssea saudável. Os desequilíbrios na remodelação óssea podem conduzir a doenças como a osteoporose. O papel regulador do selénio na remodelação óssea ajuda a apoiar a renovação e manutenção adequadas dos ossos.

O selénio e a osteoartrite: A osteoartrite é uma doença degenerativa das articulações caracterizada pela degradação da cartilagem. As propriedades antioxidantes e anti-inflamatórias do selénio podem ajudar a reduzir a inflamação e o stress oxidativo nos tecidos das articulações. Embora seja necessária mais investigação, alguns estudos sugerem que a suplementação com selénio pode ter um efeito protetor contra o desenvolvimento e a progressão da osteoartrite.

O selénio e a consolidação das fracturas ósseas: O selénio tem sido estudado pelo seu potencial papel na cicatrização de fracturas ósseas. Estudos em animais mostraram que a suplementação com selénio pode aumentar a cicatrização óssea e melhorar a formação de calo de fratura, que é a ponte inicial de novo osso formado durante o processo de cicatrização. O envolvimento do selénio na síntese de colagénio, na atividade antioxidante e na modulação imunitária pode contribuir para os seus efeitos positivos na consolidação de fracturas.

O selénio e os cancros relacionados com os ossos: Alguns estudos exploraram a relação entre os níveis de selénio e o risco de cancros relacionados com os ossos, como o osteossarcoma e o mieloma múltiplo. Embora as provas sejam limitadas e seja necessária mais investigação, as propriedades antioxidantes do selénio e o seu potencial papel na função imunitária sugerem que este pode ter implicações na prevenção ou tratamento de determinados cancros ósseos.

É importante notar que o papel do selénio na saúde óssea é complexo e está interligado com vários processos biológicos. Embora seja importante manter níveis adequados de selénio, é crucial manter uma dieta global equilibrada, praticar exercício físico regular e seguir outras práticas de estilo de vida que apoiem a saúde óssea.

Como sempre, é aconselhável consultar profissionais de saúde ou especialistas que possam fornecer conselhos personalizados com base no seu estado de saúde e necessidades específicas.

O selénio e a reabsorção óssea: Verificou-se que o selénio inibe a atividade dos osteoclastos, as células responsáveis pela reabsorção óssea. Uma reabsorção óssea excessiva pode levar ao enfraquecimento dos ossos e a um aumento do risco de fracturas. Ao modular a atividade dos osteoclastos, o selénio ajuda a manter um equilíbrio saudável entre a formação e a reabsorção óssea, o que é essencial para manter a força dos ossos.

Selénio e densidade mineral óssea em mulheres pós-menopáusicas: As mulheres pós-menopáusicas são particularmente susceptíveis à perda óssea e à osteoporose devido a alterações hormonais. A investigação demonstrou que níveis mais elevados de selénio estão associados a uma melhor densidade mineral óssea nas mulheres pós-menopáusicas. Isto sugere que manter níveis suficientes de selénio pode ajudar a proteger contra a perda óssea relacionada com a idade.

Selénio e marcadores de renovação óssea: Verificou-se que o selénio influencia os marcadores de renovação óssea, que são substâncias no sangue ou na urina que reflectem a taxa de remodelação óssea. Estudos sugerem que a suplementação com selénio pode ajudar a reduzir os marcadores de renovação óssea associados ao aumento da perda óssea, indicando um potencial efeito protetor na saúde óssea.

O selénio e a resistência óssea nos idosos: A perda óssea relacionada com a idade e a diminuição da resistência óssea são preocupações comuns nos adultos mais velhos. O selénio tem demonstrado potencial para melhorar a resistência óssea nesta população. A investigação revelou que níveis mais elevados de selénio estão associados a melhores parâmetros de resistência óssea, como a rigidez óssea e a resistência à fratura, em adultos mais velhos.

O selénio e a cicatrização óssea em procedimentos dentários: O selénio tem sido investigado pelo seu potencial papel na melhoria da cicatrização óssea em procedimentos dentários. Estudos demonstraram que a suplementação com selénio pode melhorar a regeneração óssea e acelerar o processo de cicatrização após a colocação de implantes dentários ou procedimentos de enxerto ósseo. Isto sugere que o selénio pode ter aplicações na promoção de resultados bem sucedidos na cirurgia dentária.

O selénio e a saúde óssea nos atletas: Os atletas, especialmente os que praticam actividades de alto impacto e de resistência, podem sofrer um maior stress nos seus ossos. As propriedades antioxidantes do selénio podem ajudar a proteger as células ósseas dos danos oxidativos induzidos pelo exercício intenso. A ingestão adequada de selénio pode contribuir para manter a saúde óssea e minimizar o risco de fracturas de stress nos atletas.

É importante notar que, embora o selénio desempenhe um papel na saúde óssea, é apenas um dos muitos factores que influenciam a força e a densidade óssea. Uma abordagem abrangente à saúde óssea deve incluir outros nutrientes essenciais (como o cálcio, a vitamina D e o magnésio), exercício físico com peso e escolhas de estilo de vida que promovam o bem-estar geral. Como sempre, recomenda-se a consulta de profissionais de saúde ou especialistas para resolver preocupações específicas e obter aconselhamento personalizado com base em circunstâncias individuais.

O selénio e a regulação da renovação óssea: O selénio desempenha um papel na regulação do equilíbrio entre a formação e a reabsorção óssea, conhecido como renovação óssea. Ajuda a manter níveis óptimos de osteoblastos (células formadoras de osso) e osteoclastos (células de reabsorção óssea), assegurando uma remodelação e renovação óssea adequadas. Este equilíbrio é crucial para manter a densidade e a resistência óssea.

O selénio e a osteoporose: A osteoporose é uma doença caracterizada por uma baixa massa óssea e um risco acrescido de fracturas. O selénio tem sido estudado pelo seu potencial papel na prevenção ou controlo da osteoporose. A investigação sugere que a ingestão adequada de selénio pode ajudar a reduzir o risco de osteoporose e contribuir para uma melhor saúde óssea, particularmente em combinação com outros nutrientes que apoiam os ossos, como o cálcio e a vitamina D.

O selénio e a densidade mineral óssea nos homens: Embora a osteoporose esteja normalmente associada às mulheres, os homens também podem sofrer de perda óssea relacionada com a idade. Alguns estudos descobriram uma associação positiva entre os níveis de selénio e a densidade mineral óssea nos homens. Níveis mais elevados de selénio têm sido associados a uma melhor densidade óssea, sugerindo um potencial efeito protetor contra a perda óssea nos homens.

Selénio e expressão genética relacionada com os ossos: O selénio pode influenciar a expressão de genes relacionados com a saúde óssea. Foi demonstrado que afecta a expressão de genes envolvidos na formação, mineralização e remodelação óssea. Ao modular a atividade dos genes, o

selénio pode ajudar a regular os processos-chave necessários para manter os ossos saudáveis.
O selénio e a inflamação relacionada com os ossos: A inflamação crónica pode contribuir para a perda óssea e a osteoporose. As propriedades anti-inflamatórias do selénio podem ajudar a mitigar os danos ósseos relacionados com a inflamação. Pode ajudar a reduzir a produção de moléculas pró-inflamatórias e promover uma resposta imunitária mais equilibrada, o que pode apoiar a saúde óssea.
O selénio e o metabolismo ósseo nas doenças crónicas: Certas doenças crónicas, como a artrite reumatoide e a doença inflamatória intestinal, podem ter um impacto negativo na saúde óssea. O selénio tem sido investigado pelo seu potencial papel na modulação do metabolismo ósseo nestas doenças. A investigação sugere que a suplementação com selénio pode ter efeitos benéficos nos marcadores de saúde óssea em indivíduos com doenças crónicas que afectam os ossos.
Fontes alimentares ricas em selénio: O selénio encontra-se em vários alimentos, incluindo marisco (como peixe, camarão e ostras), frutos secos e sementes (como castanhas do Brasil e sementes de girassol), cereais integrais, carne, aves e produtos lácteos. O consumo de uma dieta equilibrada que inclua alimentos ricos em selénio pode ajudar a manter níveis adequados de selénio para uma saúde óssea óptima.
É importante notar que, embora o selénio seja essencial para a saúde dos ossos, a ingestão excessiva de selénio pode ser prejudicial. Recomenda-se a obtenção de selénio através de uma dieta variada em vez de depender apenas de suplementos, a menos que especificamente aconselhado por um profissional de saúde.
Como sempre, as circunstâncias individuais e as condições de saúde podem variar, pelo que é aconselhável consultar profissionais de saúde ou dietistas registados para obter orientação personalizada sobre como manter uma saúde óssea óptima.
Selénio e marcadores de renovação óssea em doenças: Os níveis de selénio têm sido investigados em determinadas doenças que afectam a saúde óssea. Por exemplo, foram observados níveis mais baixos de selénio em indivíduos com osteoporose, artrite reumatoide e doença de Crohn. Monitorizar o estado do selénio e assegurar uma ingestão adequada pode ser benéfico para indivíduos com estas doenças.
O selénio e o desenvolvimento ósseo nas crianças: O selénio é importante para o desenvolvimento e crescimento ósseo nas crianças. A ingestão adequada de selénio durante a infância e a adolescência é crucial para atingir

o pico ideal de massa óssea, que é um fator significativo na redução do risco de osteoporose mais tarde na vida.

O selénio e a saúde óssea nos idosos: Os adultos mais velhos são mais susceptíveis à perda óssea e a fracturas devido a factores relacionados com a idade. O selénio tem sido estudado em relação à saúde óssea nos idosos e algumas investigações sugerem que níveis mais elevados de selénio podem estar associados a uma melhor densidade mineral óssea e a um menor risco de fratura nesta população.

O selénio e os polimorfismos dos genes relacionados com os ossos: As variações genéticas em determinados genes envolvidos no metabolismo do selénio e na saúde óssea podem influenciar a relação entre o selénio e os resultados relacionados com os ossos. Os polimorfismos em genes como a selenoproteína P (SELENOP) e a glutationa peroxidase (GPx) podem ter impacto na utilização do selénio e nos seus efeitos na saúde óssea. A compreensão das diferenças genéticas individuais pode fornecer informações sobre a potencial interação entre o selénio e a saúde óssea.

O selénio e a saúde óssea em populações específicas: O impacto do selénio na saúde óssea pode variar entre diferentes populações. Factores como a localização geográfica, os padrões alimentares e o estado do selénio no solo podem influenciar a ingestão de selénio e os seus efeitos na saúde óssea. Por exemplo, as populações que vivem em regiões com solos deficientes em selénio podem ser mais susceptíveis à deficiência de selénio e às doenças associadas relacionadas com os ossos.

O selénio e a saúde óssea em estudos com animais: Os estudos em animais forneceram informações sobre os mecanismos através dos quais o selénio influencia a saúde óssea. Estes estudos demonstraram que a suplementação com selénio pode aumentar a formação óssea, melhorar a densidade mineral óssea e proteger contra a perda óssea induzida por vários factores, como a deficiência de estrogénio ou o stress oxidativo.

É importante notar que, embora o selénio seja essencial para a saúde dos ossos, deve ser obtido em quantidades adequadas como parte de uma dieta equilibrada. A ingestão excessiva de selénio pode ser tóxica e levar à selenose, uma doença caracterizada por queda de cabelo, fragilidade das unhas, distúrbios gastrointestinais e sintomas neurológicos.

Como sempre, recomenda-se a consulta de profissionais de saúde ou dietistas registados para aconselhamento e orientação personalizados sobre a manutenção de uma saúde óssea óptima, especialmente para indivíduos com condições de saúde específicas ou preocupações alimentares.

Selénio e densidade óssea: O selénio tem sido associado à densidade mineral óssea (DMO), que é uma medida da força e densidade dos ossos. Vários estudos encontraram uma correlação positiva entre os níveis de selénio e a DMO. Níveis mais elevados de selénio têm sido associados a uma maior DMO em vários locais do esqueleto, incluindo a coluna vertebral, a anca e o antebraço. Isto sugere que a manutenção de níveis adequados de selénio pode contribuir para uma melhor densidade óssea e para a redução do risco de fracturas.

O selénio e o metabolismo ósseo: O selénio desempenha um papel no metabolismo das células ósseas. Afecta a atividade e a função dos osteoblastos e osteoclastos, as células responsáveis pela formação e reabsorção óssea, respetivamente. O selénio ajuda a manter um processo de remodelação óssea equilibrado, promovendo uma atividade adequada dos osteoblastos e dos osteoclastos. Este equilíbrio é crucial para manter a integridade óssea e evitar uma perda óssea excessiva.

O selénio e as hormonas relacionadas com os ossos: O selénio pode influenciar a produção e a função de determinadas hormonas envolvidas na saúde óssea. Por exemplo, verificou-se que aumenta a atividade da calcitonina, uma hormona que ajuda a regular os níveis de cálcio e inibe a reabsorção óssea. O selénio também pode afetar a conversão das hormonas da tiroide, que são importantes para o desenvolvimento e manutenção dos ossos.

O selénio e a resistência óssea nas mulheres: As mulheres são mais propensas à osteoporose devido às alterações hormonais que ocorrem durante a menopausa. O selénio tem-se mostrado promissor na melhoria da resistência óssea em mulheres pós-menopáusicas. Estudos revelaram que níveis mais elevados de selénio estão associados a melhores parâmetros de resistência óssea, incluindo o conteúdo mineral ósseo, a densidade mineral óssea e a rigidez óssea nas mulheres. Isto sugere que a manutenção de níveis adequados de selénio pode ajudar a reduzir o risco de fracturas relacionadas com a osteoporose nas mulheres.

Interações do selénio com outros nutrientes: O selénio interage com outros nutrientes envolvidos na saúde óssea, como o cálcio, a vitamina D e o magnésio. Níveis adequados destes nutrientes, juntamente com o selénio, são essenciais para uma saúde óssea óptima. Por exemplo, a vitamina D é necessária para a absorção e utilização do cálcio, enquanto o magnésio está envolvido na mineralização do osso . Uma ingestão equilibrada destes nutrientes, incluindo o selénio, é crucial para a saúde geral dos ossos.

O selénio e as doenças relacionadas com os ossos: Alguns estudos exploraram o papel potencial do selénio em doenças relacionadas com os ossos, para além da osteoporose. Por exemplo, a deficiência de selénio tem sido associada a um risco acrescido de doença de Kashin-Beck, uma doença caracterizada por anomalias nas articulações e nos ossos. Verificou-se que a toma de suplementos de selénio tem um efeito protetor contra a progressão desta doença.

É importante notar que, embora o selénio seja benéfico para a saúde dos ossos, deve ser obtido através de uma dieta bem equilibrada em vez de depender apenas de suplementos. A dose diária recomendada de selénio varia consoante a idade, o sexo e as necessidades individuais. Consultar profissionais de saúde ou dietistas registados pode fornecer orientações personalizadas sobre a ingestão de selénio e a saúde geral dos ossos.

Como sempre, manter um estilo de vida saudável que inclua atividade física regular, uma dieta equilibrada e evitar o tabagismo e o consumo excessivo de álcool é importante para promover uma saúde óssea óptima.

O selénio e o processo de remodelação óssea: O selénio está envolvido na regulação do processo de remodelação óssea, que é o ciclo contínuo de formação e reabsorção óssea. Ajuda a manter o equilíbrio entre os osteoblastos (células responsáveis pela formação óssea) e os osteoclastos (células responsáveis pela reabsorção óssea). O selénio apoia a função dos osteoblastos e inibe a atividade dos osteoclastos, assegurando uma remodelação e uma renovação óssea adequadas.

Selénio e defesa antioxidante: O selénio é um componente de enzimas antioxidantes denominadas selenoproteínas, como as glutationas peroxidases e as tioredoxinas redutases. Estas enzimas ajudam a proteger as células ósseas do stress oxidativo e dos danos causados pelas espécies reactivas de oxigénio (ROS). O excesso de ROS pode levar à perda óssea e prejudicar a saúde dos ossos. As propriedades antioxidantes do selénio contribuem para manter um equilíbrio oxidativo saudável no tecido ósseo.

Selénio e qualidade óssea: Para além da densidade óssea, o selénio pode também influenciar a qualidade óssea. A qualidade óssea refere-se à integridade estrutural e à composição do tecido ósseo, incluindo a sua microarquitectura e a matriz de colagénio. Estudos sugerem que a suplementação com selénio pode melhorar a qualidade óssea através do aumento da síntese de colagénio e da mineralização, conduzindo a ossos mais fortes e resistentes.

O selénio e a consolidação das fracturas ósseas: O selénio tem sido investigado pelo seu potencial papel na promoção da consolidação de fracturas ósseas. Estudos em animais mostraram que a suplementação com selénio pode acelerar o processo de cicatrização e aumentar a formação óssea no local da fratura. O envolvimento do selénio na síntese de colagénio, na defesa antioxidante e na modulação imunitária pode contribuir para uma melhor cicatrização das fracturas.

O selénio e as doenças ósseas inflamatórias: As propriedades anti-inflamatórias do selénio podem ser benéficas no contexto de doenças ósseas inflamatórias, como a artrite reumatoide e a osteomielite. Nestas doenças, a inflamação crónica pode contribuir para os danos e a deterioração óssea. A capacidade do selénio para modular a inflamação e o stress oxidativo pode ajudar a atenuar os processos inflamatórios que conduzem à perda óssea.

Selénio e expressão genética relacionada com os ossos: O selénio pode influenciar a expressão de genes relacionados com a saúde óssea. Descobriu-se que regula a expressão de genes envolvidos na formação, mineralização e remodelação óssea. Ao modular a atividade dos genes, o selénio ajuda a manter o funcionamento adequado destes processos, apoiando a saúde geral dos ossos.

O selénio e a saúde óssea em populações específicas: As necessidades de selénio para uma saúde óssea óptima podem variar entre diferentes populações com base em factores como a idade, o sexo e o estado geral de saúde. Por exemplo, indivíduos com determinadas condições médicas ou submetidos a tratamentos específicos (por exemplo, terapias contra o cancro) podem ter necessidades acrescidas de selénio para apoiar a saúde óssea. Além disso, os idosos podem beneficiar de uma ingestão adequada de selénio para contrariar a perda óssea relacionada com a idade.

É importante notar que a suplementação com selénio deve ser abordada com cautela, uma vez que a ingestão excessiva pode ter efeitos adversos. A dose dietética recomendada (DDR) de selénio varia de país para país, oscilando normalmente entre 55 e 70 microgramas por dia para adultos. É geralmente recomendado obter selénio através de uma dieta equilibrada que inclua alimentos ricos em selénio, em vez de depender apenas de suplementos.

Como sempre, recomenda-se a consulta de profissionais de saúde ou dietistas registados para obter aconselhamento personalizado sobre como manter uma saúde óssea óptima e determinar a ingestão adequada de selénio com base nas necessidades individuais e nas condições de saúde.

O selénio e a resistência óssea: O selénio está envolvido na síntese e na reticulação do colagénio, uma proteína essencial na estrutura do osso. O colagénio fornece a estrutura para a mineralização óssea e contribui para a sua força e resistência. O papel do selénio na síntese do colagénio ajuda a garantir a formação adequada e a estabilidade da matriz óssea, apoiando assim a resistência óssea.

Selénio e marcadores de renovação óssea: Os níveis de selénio têm sido correlacionados com vários marcadores de renovação óssea em estudos de investigação. Por exemplo, níveis mais elevados de selénio têm sido associados a níveis mais baixos de marcadores de reabsorção óssea, indicando um papel potencial do selénio na redução da degradação óssea. Além disso, o selénio tem sido associado a níveis mais elevados de marcadores de formação óssea, sugerindo uma influência positiva nos processos de construção óssea.

Selénio e hormonas relacionadas com os ossos: O selénio pode interagir com as hormonas envolvidas na saúde óssea. Por exemplo, verificou-se que modula a atividade da hormona paratiroide (PTH), que desempenha um papel fundamental na regulação dos níveis de cálcio e do metabolismo ósseo. Foi demonstrado que a toma de suplementos de selénio reduz os níveis de PTH e melhora o equilíbrio do cálcio, beneficiando potencialmente a saúde óssea.

Selénio e mineralização óssea: O selénio está envolvido no processo de mineralização óssea, que é a deposição de minerais, predominantemente cálcio e fósforo, na matriz de colagénio. São necessários níveis adequados de selénio para uma mineralização adequada e para a formação de ossos fortes e densos.

O selénio e as doenças relacionadas com os ossos: O selénio tem sido investigado pelo seu papel potencial em várias doenças relacionadas com os ossos. Em doenças como a osteoartrite e a osteogénese imperfeita (doença dos ossos frágeis), a suplementação com selénio tem mostrado resultados promissores na melhoria dos sintomas e dos marcadores de saúde óssea. No entanto, é necessária mais investigação para estabelecer os mecanismos exactos e as dosagens ideais para estas doenças.

O selénio e a cicatrização óssea: O selénio tem sido estudado pelo seu papel potencial na promoção da cicatrização óssea em casos de fracturas ou defeitos ósseos. Estudos em animais demonstraram que a suplementação com selénio pode melhorar a reparação e a regeneração óssea, levando a uma cicatrização mais rápida e a uma maior resistência óssea no local da lesão.

O selénio e a saúde das articulações: Para além do seu impacto nos ossos, o selénio também pode ter benefícios para a saúde das articulações. As propriedades antioxidantes e anti-inflamatórias do selénio podem ajudar a reduzir o stress oxidativo e a inflamação nas articulações, que são factores comuns em doenças como a osteoartrite e a artrite reumatoide.

É importante notar que, embora o selénio seja essencial para a saúde dos ossos, é crucial manter uma dieta equilibrada que inclua uma variedade de nutrientes. O consumo de uma gama diversificada de alimentos ricos em

selénio, como marisco, frutos secos, sementes, cereais integrais e carnes magras, pode ajudar a garantir uma ingestão adequada de selénio para uma saúde óssea ideal.
Como sempre, recomenda-se a consulta de profissionais de saúde ou dietistas registados para obter aconselhamento personalizado sobre como manter uma saúde óssea ideal e incorporar o selénio numa abordagem dietética completa. Eles podem fornecer orientação com base nas necessidades individuais, condições e potenciais interações com medicamentos ou outros suplementos.
O selénio e a remodelação óssea: O selénio desempenha um papel na regulação da remodelação óssea , que é o processo contínuo de reabsorção e formação óssea. Ajuda a manter um rácio equilibrado entre osteoblastos (células que constroem o osso) e osteoclastos (células que decompõem o osso). O selénio apoia a atividade dos osteoblastos e inibe a atividade dos osteoclastos, assegurando uma remodelação e uma renovação óssea adequadas.
Selénio e risco de fratura: Níveis adequados de selénio têm sido associados a um risco reduzido de fracturas. Estudos de investigação descobriram que os indivíduos com níveis mais elevados de selénio tendem a ter um menor risco de fracturas osteoporóticas e não osteoporóticas. Isto sugere que a manutenção de um nível ótimo de selénio pode contribuir para uma melhor resistência óssea e para a prevenção de fracturas.
Selénio e densidade mineral óssea (DMO): A densidade mineral óssea é uma medida da força e densidade do osso. Vários estudos encontraram uma correlação positiva entre os níveis de selénio e a DMO. Níveis mais elevados de selénio têm sido associados a uma maior DMO em vários locais do esqueleto, incluindo a coluna vertebral, a anca e o antebraço. Isto indica que o selénio pode desempenhar um papel na manutenção de uma densidade óssea óptima e na redução do risco de fracturas relacionadas com a osteoporose.
Selénio e marcadores do metabolismo ósseo: Os níveis de selénio têm sido associados a marcadores do metabolismo ósseo, que reflectem a atividade das células formadoras e reabsorventes de osso. Estudos demonstraram que concentrações mais elevadas de selénio estão associadas a níveis mais baixos de marcadores de reabsorção óssea e a níveis mais elevados de marcadores de formação óssea. Isto sugere que o selénio pode ajudar a regular o equilíbrio entre a degradação e a formação óssea, promovendo uma renovação óssea saudável.
Selénio e qualidade óssea: A influência do selénio na qualidade óssea vai para além da densidade óssea. Verificou-se que melhora as propriedades

mecânicas do osso, como a elasticidade e a resistência. O envolvimento do selénio na síntese de colagénio e nas ligações cruzadas contribui para a integridade estrutural e a resiliência do tecido ósseo, melhorando a qualidade geral do osso.

Selénio e expressão de genes relacionados com os ossos: O selénio pode afetar a expressão de genes relacionados com a saúde óssea. Regula a expressão de genes envolvidos na formação, mineralização e remodelação óssea. Ao modular estes genes, o selénio ajuda a manter o funcionamento adequado dos processos relacionados com os ossos, apoiando uma saúde óssea óptima.

Interações do selénio com outros nutrientes: O selénio interage com outros nutrientes que são importantes para a saúde óssea. Por exemplo, o selénio trabalha em conjunto com a vitamina D para regular o metabolismo do cálcio e a mineralização óssea. Também interage com outros minerais como o magnésio e o zinco, que desempenham um papel no desenvolvimento e manutenção dos ossos. Garantir uma ingestão adequada destes nutrientes, juntamente com o selénio, é essencial para a saúde geral dos ossos .

Lembre-se que o selénio deve ser obtido através de uma dieta equilibrada em vez de depender apenas de suplementos. A ingestão diária recomendada de selénio varia de país para país, sendo normalmente de 55 a 70 microgramas para adultos. É importante consultar profissionais de saúde ou dietistas registados para obter aconselhamento personalizado sobre a ingestão de selénio e a saúde geral dos ossos, especialmente se tiver condições de saúde específicas ou considerações dietéticas.

Manter um estilo de vida saudável, praticar exercícios que suportem peso e evitar o consumo excessivo de álcool e o tabagismo são também factores importantes para promover uma saúde óssea óptima.

Selénio e marcadores de renovação óssea: Os níveis de selénio foram correlacionados com vários marcadores da renovação óssea. Os marcadores de renovação óssea reflectem a atividade das células formadoras de osso (osteoblastos) e das células de reabsorção óssea (osteoclastos). Estudos demonstraram que níveis mais elevados de selénio estão associados a níveis mais baixos de marcadores de reabsorção óssea, indicando um papel potencial do selénio na redução da degradação óssea. Além disso, o selénio tem sido associado a níveis mais elevados de marcadores de formação óssea, o que sugere uma influência positiva nos processos de construção óssea.

Selénio e mineralização óssea: O selénio desempenha um papel crucial na mineralização óssea, que é o processo de deposição de minerais, particularmente cálcio e fósforo, na matriz de colagénio. São necessários níveis adequados de selénio para uma mineralização adequada e para a formação de ossos fortes e densos.

Selénio e hormonas relacionadas com os ossos: O selénio pode interagir com hormonas que estão envolvidas na saúde óssea. Por exemplo, verificou-se que o selénio modula a atividade da hormona paratiroide (PTH), que desempenha um papel fundamental na regulação dos níveis de cálcio e do metabolismo ósseo. Foi demonstrado que a suplementação com selénio reduz os níveis de PTH e melhora o equilíbrio do cálcio, beneficiando potencialmente a saúde óssea.

O selénio e a osteoporose: A osteoporose é uma doença caracterizada por baixa massa óssea e deterioração do tecido ósseo, levando a um aumento do risco de fratura. O selénio tem sido investigado pelo seu potencial papel na prevenção ou gestão da osteoporose. A investigação sugere que a suplementação com selénio pode melhorar a densidade mineral óssea e reduzir o risco de fracturas osteoporóticas, particularmente em mulheres pós-menopáusicas.

O selénio e as doenças relacionadas com os ossos: O selénio pode ter implicações em várias doenças relacionadas com os ossos. Por exemplo, na artrite reumatoide, uma doença autoimune que afecta as articulações e a saúde óssea, a suplementação com selénio mostrou resultados promissores na redução da atividade da doença e na melhoria da densidade mineral óssea. É necessária mais investigação para explorar os potenciais benefícios do selénio noutras doenças relacionadas com os ossos.

O selénio e a cicatrização óssea: O selénio tem sido estudado pelo seu papel potencial na promoção da cicatrização óssea em casos de fracturas ou defeitos ósseos. Estudos em animais demonstraram que a suplementação com selénio pode melhorar a reparação e a regeneração óssea, levando a uma cicatrização mais rápida e a uma maior resistência óssea no local da lesão.

O selénio e a saúde das articulações: Para além do seu impacto nos ossos, o selénio também pode ter benefícios para a saúde das articulações. As propriedades antioxidantes e anti-inflamatórias do selénio podem ajudar a reduzir o stress oxidativo e a inflamação nas articulações, que são factores comuns em doenças como a osteoartrite e a artrite reumatoide.

É importante notar que, embora o selénio seja essencial para a saúde dos ossos, deve ser obtido através de uma dieta equilibrada em vez de depender apenas de suplementos. Os alimentos ricos em selénio incluem marisco, castanhas do Brasil, carnes de órgãos, cereais integrais e leguminosas. A ingestão diária recomendada de selénio varia de país para país, sendo normalmente de 55 a 70 microgramas para adultos.

Como sempre, recomenda-se a consulta de profissionais de saúde ou dietistas registados para obter aconselhamento personalizado sobre a ingestão de selénio e a saúde geral dos ossos. Estes podem fornecer orientações com base nas necessidades individuais, condições de saúde e potenciais interações com medicamentos ou outros suplementos.

A manutenção de um estilo de vida saudável, incluindo atividade física regular, uma dieta equilibrada e a ingestão adequada de outros nutrientes que apoiam os ossos, como o cálcio e a vitamina D, é crucial para uma saúde óssea óptima.

Selénio e densidade óssea: O selénio tem sido associado à densidade mineral óssea (DMO), que é uma medida da força e densidade dos ossos. Vários estudos encontraram uma correlação positiva entre os níveis de selénio e a DMO. Níveis mais elevados de selénio têm sido associados a uma maior DMO em vários locais do esqueleto, incluindo a coluna vertebral, a anca e o antebraço. Isto sugere que o selénio pode contribuir para manter uma densidade óssea óptima e reduzir o risco de fracturas.

O selénio e a função dos osteoblastos: Os osteoblastos são células especializadas responsáveis pela formação óssea. Foi demonstrado que o selénio apoia a função dos osteoblastos, promovendo a sua proliferação e diferenciação. O envolvimento do selénio em várias vias celulares e mecanismos antioxidantes pode aumentar a atividade dos osteoblastos e contribuir para a formação óssea.

O selénio e a regulação dos osteoclastos: Os osteoclastos são células envolvidas na reabsorção óssea, a degradação do tecido ósseo. Verificou-se que o selénio regula a atividade dos osteoclastos e previne a reabsorção óssea excessiva. Ao inibir a formação e a função dos osteoclastos, o selénio ajuda a manter um equilíbrio entre a degradação e a formação óssea, o que é essencial para uma remodelação óssea saudável.

Selénio e proteção antioxidante: O selénio é um componente de várias enzimas antioxidantes, incluindo as glutatião peroxidases, que ajudam a proteger as células dos danos oxidativos. O stress oxidativo pode contribuir para a perda óssea e prejudicar a saúde dos ossos. As propriedades antioxidantes do selénio ajudam a neutralizar os radicais livres nocivos, reduzindo o stress oxidativo e o seu impacto negativo no tecido ósseo.

O selénio e a inflamação: A inflamação crónica pode afetar negativamente a saúde dos ossos. O selénio apresenta propriedades anti-inflamatórias, modulando várias vias inflamatórias e reduzindo a produção de moléculas pró-inflamatórias. Ao atenuar a inflamação, o selénio pode ajudar a preservar a integridade óssea e reduzir o risco de doenças relacionadas com os ossos.

O selénio e a perda óssea relacionada com a idade: A perda óssea relacionada com a idade, conhecida como osteoporose, é uma doença comum caracterizada pela diminuição da densidade óssea e pelo aumento do risco de fratura. O selénio tem sido estudado pelo seu potencial papel na prevenção da perda óssea relacionada com a idade. A investigação sugere que níveis mais elevados de selénio estão associados a um menor risco de osteoporose e de fracturas, particularmente em adultos mais velhos.

Selénio e metabolismo do cálcio: O selénio interage com o metabolismo do cálcio, que é crucial para a saúde dos ossos. Ajuda na conversão da vitamina D na sua forma ativa, que é necessária para a absorção do cálcio. O selénio também ajuda a regular a atividade das hormonas reguladoras do cálcio, como a hormona paratiroide (PTH) e a calcitonina, que desempenham um papel fundamental na manutenção do equilíbrio do cálcio e da saúde óssea.

Deficiência de selénio e saúde óssea: Uma ingestão inadequada de selénio pode levar a uma deficiência de selénio, que pode afetar a saúde óssea. A deficiência de selénio tem sido associada a uma formação óssea deficiente, aumento da renovação óssea e redução da densidade mineral óssea. A deficiência grave de selénio pode contribuir para uma doença conhecida como doença de Kashin-Beck, que se caracteriza por anomalias nas articulações e nos ossos.

É importante notar que, embora o selénio seja essencial para a saúde dos ossos, o seu consumo em excesso pode ter efeitos adversos. A ingestão diária recomendada de selénio varia de país para país, sendo que, tipicamente, varia entre 55 e 70 microgramas para adultos. É geralmente recomendado obter selénio através de uma dieta equilibrada que inclua alimentos ricos em selénio, em vez de depender fortemente de suplementos.

Como sempre, recomenda-se a consulta de profissionais de saúde ou dietistas registados para um aconselhamento personalizado sobre a ingestão de selénio, especialmente se tiver condições de saúde específicas ou considerações dietéticas. Estes profissionais podem fornecer orientações com base nas necessidades individuais, ajudar a avaliar o estado do selénio e oferecer recomendações para manter uma saúde óssea óptima.

2-2 O selénio e a saúde do coração

O selénio é um mineral essencial que desempenha um papel crucial em várias funções corporais, incluindo a saúde do coração. Funciona como um cofator para certas enzimas e actua como um antioxidante, protegendo as células dos danos causados pelos radicais livres. Eis como o selénio está ligado à saúde do coração:

Atividade Antioxidante: O selénio é um componente de enzimas antioxidantes conhecidas como selenoproteínas, incluindo a glutationa peroxidase. Estas enzimas ajudam a neutralizar os radicais livres nocivos, reduzindo o stress oxidativo no organismo. O stress oxidativo pode danificar as células, incluindo as do sistema cardiovascular, e contribuir para as doenças cardíacas.

Efeitos anti-inflamatórios: O selénio tem propriedades anti-inflamatórias que podem ajudar a reduzir a inflamação nos vasos sanguíneos. A inflamação crónica está associada ao desenvolvimento de aterosclerose (endurecimento e estreitamento das artérias) e pode aumentar o risco de doença cardíaca.

Prevenção de doenças cardiovasculares: A investigação sugere que o selénio pode ajudar a reduzir o risco de doenças cardiovasculares. Estudos descobriram uma relação inversa entre os níveis de selénio e a incidência de doenças cardíacas.

A ingestão adequada de selénio tem sido associada a um risco reduzido de doença coronária, acidente vascular cerebral e outros eventos cardiovasculares.

Regulação da tensão arterial: O selénio pode contribuir para manter níveis saudáveis de pressão arterial. Alguns estudos mostraram que a suplementação com selénio pode ajudar a baixar a pressão arterial elevada, embora as provas ainda não sejam conclusivas.

É importante notar que, embora o selénio seja essencial para a saúde geral, incluindo a saúde do coração, é importante manter uma abordagem equilibrada à nutrição. O consumo de quantidades excessivas de selénio através de suplementos pode ser prejudicial. A dose diária recomendada de selénio para adultos é de cerca de 55 microgramas por dia. É geralmente aconselhável obter nutrientes, incluindo selénio, através de uma dieta equilibrada em vez de depender apenas de suplementos.

Como sempre, se tiver preocupações específicas sobre a saúde do seu coração ou a ingestão de selénio, é melhor consultar um profissional de saúde que possa fornecer conselhos personalizados com base nas suas circunstâncias individuais.

Selénio e Cardiomiopatia: A deficiência de selénio tem sido associada ao desenvolvimento de cardiomiopatia, uma doença caracterizada pela deterioração do músculo cardíaco. Em áreas onde a deficiência de selénio é prevalecente, como em certas regiões da China, foi observada a doença de Keshan, uma forma de cardiomiopatia. Foi demonstrado que a suplementação com selénio melhora a função cardíaca e reduz a incidência da doença de Keshan.

Selénio e níveis de colesterol: O selénio também pode influenciar o metabolismo do colesterol. Alguns estudos sugerem que a suplementação com selénio pode ajudar a reduzir os níveis de colesterol total, colesterol LDL (muitas vezes referido como o "mau" colesterol) e aumentar o colesterol HDL (muitas vezes referido como o "bom" colesterol). A manutenção de níveis saudáveis de colesterol é importante para a saúde do coração, uma vez que níveis elevados de colesterol LDL podem contribuir para o desenvolvimento de aterosclerose.

Selénio e coagulação sanguínea: O selénio está envolvido na regulação dos factores de coagulação do sangue. São necessários níveis adequados de selénio para que ocorram processos normais de coagulação do sangue. Os desequilíbrios nos níveis de selénio podem perturbar o delicado equilíbrio dos factores de coagulação, aumentando potencialmente o risco de coágulos sanguíneos, que podem levar a complicações cardiovasculares como ataques cardíacos ou acidentes vasculares cerebrais.

Fontes de selénio: O selénio pode ser obtido através de várias fontes alimentares. Boas fontes alimentares de selénio incluem castanhas do Brasil, marisco (como atum, camarão e sardinhas), aves, ovos, cereais integrais e produtos lácteos. O teor de selénio nos alimentos de origem vegetal depende do teor de selénio do solo em que são cultivados.

Selénio e suplementos: Embora a suplementação com selénio possa ser benéfica para indivíduos com deficiência de selénio ou em risco de deficiência, é importante ter cuidado. A ingestão excessiva de selénio pode levar à toxicidade do selénio, conhecida como selenose, que pode causar sintomas como queda de cabelo, unhas quebradiças, distúrbios gastrointestinais e anomalias neurológicas. É aconselhável consultar um profissional de saúde antes de iniciar qualquer regime de suplementação de selénio.

É importante notar que, embora o selénio seja um dos factores para manter a saúde do coração, deve ser considerado como parte de um estilo de vida globalmente saudável, incluindo uma dieta equilibrada, atividade física regular, não fumar e gerir outros factores de risco, como a tensão arterial elevada e a diabetes. Os check-ups regulares com profissionais de saúde são também cruciais para monitorizar e manter a saúde do coração.

Selénio e insuficiência cardíaca: A insuficiência cardíaca é uma condição em que o coração é incapaz de bombear o sangue de forma eficiente. O selénio desempenha um papel na manutenção da estrutura e função normais do músculo cardíaco. Níveis baixos de selénio têm sido associados a um risco acrescido de insuficiência cardíaca. A investigação sugere que a suplementação com selénio pode melhorar a função cardíaca e reduzir os

sintomas da insuficiência cardíaca, embora sejam necessários mais estudos para estabelecer a dose ideal e a sua eficácia.
Selénio e arritmias: O selénio também pode ter um papel na prevenção de arritmias, que são ritmos cardíacos anormais. Os desequilíbrios nos níveis de selénio podem perturbar a atividade eléctrica do coração. Uma ingestão adequada de selénio ajuda a manter o funcionamento normal do sistema elétrico do coração, reduzindo o risco de arritmias.
Selénio e saúde dos vasos sanguíneos: As propriedades antioxidantes e anti-inflamatórias do selénio contribuem para a saúde dos vasos sanguíneos. Ajuda a prevenir danos no revestimento interno dos vasos sanguíneos, conhecido como endotélio. A manutenção de um endotélio saudável é crucial para o fluxo sanguíneo adequado, uma vez que os danos no endotélio podem levar à formação de placas e ao desenvolvimento de aterosclerose.
Selénio e tensão arterial: Alguns estudos sugerem que a suplementação com selénio pode ajudar a baixar a tensão arterial elevada, embora as provas ainda não sejam conclusivas. A pressão arterial elevada é um fator de risco significativo para doenças cardíacas, e gerir os níveis de pressão arterial dentro de um intervalo saudável é importante para a saúde do coração.
Selénio e outros nutrientes: O selénio funciona em sinergia com outros nutrientes, como a vitamina E, para promover a saúde do coração. A vitamina E é outro antioxidante que ajuda a proteger as células dos danos oxidativos. O selénio e a vitamina E têm sido estudados em conjunto pelos seus potenciais benefícios cardiovasculares, com resultados mistos. Alguns estudos demonstraram uma redução do risco de doença cardíaca com a toma combinada de suplementos, enquanto outros não demonstraram benefícios significativos.
Lembre-se de que, embora o selénio possa contribuir para a saúde do coração, é importante manter uma abordagem completa e equilibrada à nutrição. Uma dieta saudável que inclua uma variedade de alimentos ricos em nutrientes, como frutas, legumes, cereais integrais, proteínas magras e gorduras saudáveis, é essencial para a saúde cardiovascular geral. É sempre recomendável consultar um profissional de saúde para obter aconselhamento personalizado com base na sua situação de saúde específica.
Selénio e Inflamação: Para além das suas propriedades antioxidantes, o selénio também desempenha um papel na modulação da inflamação. A inflamação crónica é um fator que contribui para o desenvolvimento e progressão de doenças cardiovasculares, incluindo doenças cardíacas. Os efeitos anti-inflamatórios do selénio ajudam a reduzir a inflamação nos vasos sanguíneos, promovendo a saúde cardiovascular.

Selénio e Coenzima Q10: A Coenzima Q10 (CoQ10) é um composto essencial para a produção de energia nas células e tem propriedades antioxidantes. O selénio está envolvido na síntese de CoQ10, e ambos os nutrientes trabalham em conjunto nas mitocôndrias das células para gerar energia. A CoQ10 também tem um efeito protetor no coração, e o papel do selénio na produção de CoQ10 pode contribuir para a saúde geral do coração.
Níveis de Selénio e Homocisteína: A homocisteína é um aminoácido que, quando presente em níveis elevados, está associado a um risco acrescido de doença cardiovascular. O selénio, juntamente com outros nutrientes como a vitamina B6, a vitamina B12 e o folato, ajuda a regular o metabolismo da homocisteína. Níveis adequados de selénio contribuem para manter níveis óptimos de homocisteína, reduzindo o risco de doença cardíaca.
Selénio e lípidos no sangue: O selénio pode também ter um impacto no metabolismo dos lípidos. Estudos demonstraram que a suplementação com selénio pode ajudar a reduzir os níveis de colesterol total e de colesterol LDL, melhorando assim o perfil lipídico. A manutenção de níveis saudáveis de lípidos no sangue é importante para a saúde cardiovascular, uma vez que níveis elevados de colesterol LDL e triglicéridos estão associados a um risco acrescido de doença cardíaca.
Selénio e arritmias cardíacas: O selénio está envolvido na regulação da atividade eléctrica cardíaca. Níveis adequados de selénio ajudam a manter o funcionamento normal do sistema elétrico do coração, reduzindo o risco de arritmias, incluindo fibrilhação auricular, arritmias ventriculares e outros ritmos cardíacos anormais.
É importante notar que, embora o selénio seja um nutriente benéfico para a saúde do coração, deve ser obtido através de uma dieta equilibrada em vez de depender apenas de suplementos. O consumo de quantidades excessivas de selénio pode ser prejudicial e pode levar à toxicidade. A dose diária recomendada de selénio para adultos é de cerca de 55 microgramas por dia. As fontes alimentares de selénio, tal como mencionado anteriormente, incluem castanhas do Brasil, marisco, aves, ovos, cereais integrais e produtos lácteos.
Como sempre, recomenda-se que consulte um profissional de saúde para obter conselhos personalizados sobre nutrição e saúde do coração, especialmente se tiver preocupações específicas ou condições médicas relacionadas com o seu sistema cardiovascular.
Selénio e coagulação sanguínea: O selénio está envolvido na regulação dos factores de coagulação do sangue. Ajuda a manter um equilíbrio entre os factores procoagulantes (que promovem a formação de coágulos) e

anticoagulantes (que evitam a formação de coágulos) no sangue. Os desequilíbrios nestes factores podem levar a um aumento do risco de coágulos sanguíneos, que podem causar ataques cardíacos ou acidentes vasculares cerebrais. São necessários níveis adequados de selénio para que ocorram processos normais de coagulação do sangue.

Selénio e função endotelial: O endotélio é o revestimento interno dos vasos sanguíneos. Desempenha um papel crucial na manutenção da saúde vascular, regulando factores como o fluxo sanguíneo, a pressão arterial e a inflamação. Foi demonstrado que o selénio tem um efeito positivo na função endotelial, ajudando a melhorar a saúde e a flexibilidade dos vasos sanguíneos. Isto, por sua vez, contribui para a saúde cardiovascular geral.

Selénio e proteção do tecido cardíaco: As propriedades antioxidantes do selénio ajudam a proteger o tecido cardíaco dos danos oxidativos. O stress oxidativo, causado por um desequilíbrio entre os radicais livres e os antioxidantes no organismo, pode provocar danos nas células e nos tecidos do coração. Ao neutralizar os radicais livres, o selénio ajuda a reduzir o stress oxidativo e apoia a saúde do tecido cardíaco.

Selénio e distúrbios do ritmo cardíaco: O selénio tem sido estudado pelo seu potencial papel na prevenção e gestão de perturbações do ritmo cardíaco, como a fibrilhação auricular. Alguns estudos sugerem que a suplementação com selénio pode ajudar a reduzir a incidência e a gravidade dos episódios de fibrilhação auricular. No entanto, são necessários mais estudos para estabelecer recomendações claras para a suplementação com selénio neste contexto.

Selénio e hipertensão: A hipertensão, ou pressão arterial elevada, é um fator de risco significativo para doenças cardíacas. O selénio pode ter um efeito benéfico na regulação da pressão arterial. Alguns estudos demonstraram que a suplementação com selénio pode ajudar a baixar a pressão arterial elevada, embora as provas ainda não sejam conclusivas. O controlo adequado da pressão arterial é essencial para manter a saúde do coração.

O selénio e o desempenho no exercício físico: O selénio desempenha um papel no metabolismo energético, particularmente nos músculos. Níveis adequados de selénio contribuem para uma função muscular óptima e podem ter um impacto positivo no desempenho do exercício. A atividade física regular é um componente essencial para manter um coração saudável.

Lembre-se que, embora o selénio possa ser benéfico para a saúde do coração, deve ser obtido através de uma dieta equilibrada em vez de depender apenas de suplementos. Como mencionado anteriormente, a ingestão diária recomendada de selénio para adultos é de cerca de 55 microgramas por dia. É

sempre aconselhável consultar um profissional de saúde para obter aconselhamento personalizado com base nas suas necessidades e considerações específicas de saúde.
Selénio e recuperação de ataques cardíacos: O selénio tem sido estudado pelos seus potenciais benefícios na recuperação de ataques cardíacos. A investigação sugere que a suplementação com selénio pode ajudar a melhorar a função cardíaca, reduzir a inflamação e apoiar o processo de cura após um ataque cardíaco. No entanto, são necessários mais estudos para estabelecer recomendações claras nesta área.
O selénio e os factores de risco das doenças cardíacas: As propriedades antioxidantes e anti-inflamatórias do selénio podem ajudar a reduzir vários factores de risco associados a doenças cardíacas. Por exemplo, o selénio pode ajudar a reduzir os níveis de proteína C reactiva (PCR), um marcador de inflamação associado a um risco acrescido de doença cardiovascular. Além disso, o papel do selénio na manutenção de níveis ideais de lípidos no sangue e da pressão arterial pode contribuir para um menor risco de doença cardíaca.
Selénio e transplante cardíaco: O selénio tem sido investigado pelos seus potenciais benefícios nos receptores de transplantes cardíacos. Estudos demonstraram que a suplementação com selénio pode ajudar a reduzir as complicações e melhorar os resultados em indivíduos que foram submetidos a transplante cardíaco. Pode contribuir para uma melhor função do enxerto, redução das taxas de rejeição e melhoria da saúde cardíaca geral após o transplante.
O selénio e a remodelação cardíaca: A remodelação cardíaca refere-se às alterações na estrutura e função do coração que ocorrem em resposta a lesões ou stress, tais como doenças cardíacas ou insuficiência cardíaca. O selénio tem sido estudado pelo seu potencial papel na modulação da remodelação cardíaca. Pode ajudar a reduzir a inflamação, o stress oxidativo e a fibrose, preservando assim a função e a estrutura do coração.
Selénio e outras doenças cardiovasculares: Para além das doenças cardíacas, o selénio tem sido investigado em relação a outras doenças cardiovasculares. Por exemplo, a investigação sugere que a suplementação com selénio pode ter um efeito protetor contra o desenvolvimento de doença arterial periférica (PAD), uma condição caracterizada pelo estreitamento das artérias nos membros. Pode também contribuir para melhorar os resultados em indivíduos com doença cardíaca isquémica.
É importante notar que, embora o selénio seja um nutriente essencial para a saúde do coração, deve ser obtido através de uma dieta equilibrada em vez de depender apenas de suplementos. Como mencionado anteriormente, os

alimentos ricos em selénio incluem castanhas do Brasil, marisco, aves, ovos, cereais integrais e produtos lácteos.

Recomenda-se sempre a consulta de um profissional de saúde para obter aconselhamento e orientação personalizados sobre nutrição e saúde do coração, especialmente se tiver preocupações específicas ou condições médicas relacionadas com o seu sistema cardiovascular. Estes podem fornecer recomendações personalizadas com base nas suas necessidades individuais e ajudar a garantir que mantém uma abordagem completa à saúde do coração.

Selénio e stress oxidativo: O selénio é um componente-chave de várias enzimas antioxidantes, incluindo a glutationa peroxidase, que protegem as células dos danos oxidativos. O stress oxidativo ocorre quando há um desequilíbrio entre os radicais livres e os antioxidantes no corpo, levando a danos celulares.

O papel do selénio na defesa antioxidante ajuda a reduzir o stress oxidativo, o que pode contribuir para a prevenção de doenças cardíacas.

Selénio e metabolismo do colesterol: O selénio desempenha um papel no metabolismo do colesterol influenciando a atividade das enzimas envolvidas na síntese e no metabolismo do colesterol. Ajuda a regular a conversão do colesterol em ácidos biliares, que são necessários para a digestão e absorção adequadas das gorduras da dieta. Ao manter um metabolismo ótimo do colesterol, o selénio pode ajudar a prevenir a acumulação de colesterol nas artérias e reduzir o risco de aterosclerose.

Selénio e elasticidade dos vasos sanguíneos: O selénio está envolvido na síntese de proteínas que contribuem para a estrutura e elasticidade dos vasos sanguíneos. Níveis adequados de selénio ajudam a manter a integridade e a flexibilidade dos vasos sanguíneos, promovendo um fluxo sanguíneo saudável e reduzindo o risco de doenças cardiovasculares como a hipertensão e o AVC.

Selénio e regulação do açúcar no sangue: Existem algumas evidências que sugerem que o selénio pode desempenhar um papel na regulação dos níveis de açúcar no sangue. Estudos demonstraram que a suplementação com selénio pode melhorar a sensibilidade à insulina e o metabolismo da glicose, que são factores importantes na prevenção do desenvolvimento da diabetes tipo 2. Ao promover uma regulação saudável do açúcar no sangue, o selénio pode contribuir indiretamente para a saúde do coração, reduzindo o risco de complicações relacionadas com a diabetes.

Selénio e função tiroideia: O selénio é essencial para a produção e o metabolismo das hormonas da tiroide. As hormonas da tiroide têm um impacto significativo na função cardíaca e na saúde cardiovascular. A deficiência de selénio pode prejudicar a função da tiroide, levando a condições como o hipotiroidismo, que pode aumentar o risco de doença cardíaca. A ingestão adequada de selénio apoia o funcionamento ideal da tiroide e ajuda a manter um sistema cardiovascular saudável.

É importante notar que, embora o selénio seja benéfico para a saúde do coração, a sua ingestão excessiva pode ser prejudicial. Níveis elevados de selénio podem levar à selenose, uma doença caracterizada por sintomas como distúrbios gastrointestinais, queda de cabelo e anomalias neurológicas. A ingestão diária recomendada de selénio para adultos é de cerca de 55 microgramas por dia, e é geralmente recomendado obter selénio através de uma dieta equilibrada que inclua alimentos ricos em selénio.

Como sempre, é aconselhável consultar um profissional de saúde para obter aconselhamento e orientação personalizados sobre nutrição e saúde do coração, especialmente se tiver preocupações específicas ou condições médicas relacionadas com o seu sistema cardiovascular.

Selénio e insuficiência cardíaca: A insuficiência cardíaca é uma doença caracterizada pela incapacidade do coração de bombear sangue de forma eficaz. O selénio tem sido estudado pelos seus potenciais benefícios em indivíduos com insuficiência cardíaca. Alguns estudos sugerem que a suplementação com selénio pode ajudar a melhorar a função cardíaca, reduzir a inflamação e aumentar a capacidade de exercício em doentes com insuficiência cardíaca. No entanto, são necessários mais estudos para estabelecer recomendações claras para a suplementação com selénio neste contexto.

Selénio e cardioprotecção: As propriedades antioxidantes do selénio contribuem para os seus efeitos cardioprotectores. Ao neutralizar os radicais livres e reduzir o stress oxidativo, o selénio ajuda a proteger o coração dos danos causados por factores como a isquemia (redução do fluxo sanguíneo) e a lesão de reperfusão (danos nos tecidos que ocorrem quando o fluxo sanguíneo é restabelecido após um período de isquemia). Este papel cardioprotector do selénio pode ajudar a prevenir ou minimizar o impacto de ataques cardíacos e outros eventos cardiovasculares.

Selénio e regulação da pressão arterial: O selénio tem sido investigado pelo seu potencial papel na regulação da pressão arterial. Alguns estudos demonstraram que a suplementação com selénio pode ajudar a baixar a pressão arterial elevada e melhorar a função dos vasos sanguíneos. No entanto, as provas neste domínio são ainda limitadas, sendo necessária mais investigação para estabelecer conclusões definitivas.

Selénio e doença das válvulas cardíacas: As propriedades antioxidantes do selénio podem também ser benéficas no contexto da doença das válvulas cardíacas. As doenças das válvulas cardíacas, como a estenose aórtica ou a regurgitação mitral, implicam a disfunção ou lesão de uma ou mais válvulas cardíacas. A capacidade do selénio para reduzir o stress oxidativo e a inflamação pode apoiar a saúde e a integridade das válvulas cardíacas, abrandando potencialmente a progressão das doenças relacionadas com as válvulas.

Selénio e efeitos anti-arrítmicos: O selénio tem sido estudado pelos seus potenciais efeitos anti-arrítmicos, particularmente no contexto das arritmias ventriculares. As arritmias ventriculares são ritmos cardíacos anormais que têm origem nas câmaras inferiores do coração (ventrículos) e podem ser fatais. Alguns estudos sugerem que a suplementação com selénio pode ajudar a reduzir a incidência e a gravidade das arritmias ventriculares, embora sejam necessários mais estudos para confirmar estes resultados.

É importante notar que, embora o selénio possa ser benéfico para a saúde do coração, deve ser obtido através de uma dieta equilibrada, em vez de depender apenas de suplementos. Como mencionado anteriormente, os alimentos ricos em selénio incluem castanhas do Brasil, marisco, aves, ovos, cereais integrais e produtos lácteos.

Como sempre, recomenda-se que consulte um profissional de saúde para obter aconselhamento e orientação personalizados sobre nutrição e saúde do coração, especialmente se tiver preocupações específicas ou condições médicas relacionadas com o seu sistema cardiovascular. Este profissional pode fornecer recomendações personalizadas com base nas suas necessidades individuais e ajudá-lo a manter uma abordagem holística à saúde do coração.

Selénio e Inflamação: As propriedades antioxidantes do selénio ajudam a reduzir a inflamação no corpo. A inflamação crónica é um dos principais contribuintes para o desenvolvimento e progressão de doenças cardíacas. Ao neutralizar os radicais livres e modular os processos inflamatórios, o selénio pode ajudar a reduzir o risco de doenças cardiovasculares associadas à inflamação crónica, como a aterosclerose.

Níveis de selénio e de homocisteína: A homocisteína é um aminoácido que, quando presente em níveis elevados, está associado a um risco acrescido de doença cardíaca. O selénio, juntamente com outros nutrientes como a vitamina B6, a vitamina B12 e o folato, ajuda a metabolizar e a regular os níveis de homocisteína. A ingestão adequada de selénio, em combinação com estes outros nutrientes, pode contribuir para manter níveis ideais de homocisteína e reduzir o risco de doença cardíaca.

Selénio e a saúde do músculo cardíaco: O selénio está envolvido na síntese de selenoproteínas, que desempenham um papel crucial na saúde e função do músculo cardíaco. As selenoproteínas ajudam a proteger as células cardíacas contra danos e apoiam a contração e o relaxamento cardíacos normais. A deficiência de selénio pode prejudicar a produção e a atividade das selenoproteínas, levando potencialmente à disfunção do músculo cardíaco.

O selénio e a calcificação das válvulas cardíacas: A calcificação das válvulas cardíacas é uma doença caracterizada pela acumulação de depósitos de cálcio nas válvulas cardíacas, o que pode prejudicar o seu funcionamento. O selénio tem sido estudado pelos seus potenciais efeitos protectores contra a calcificação das válvulas cardíacas. A investigação sugere que a suplementação com selénio pode ajudar a reduzir a formação de depósitos calcificados nas válvulas cardíacas e a preservar a sua integridade.

Selénio e paragem cardíaca: A paragem cardíaca é uma perda súbita da função cardíaca, frequentemente causada por um ritmo cardíaco anormal (fibrilhação ventricular). O selénio tem sido investigado pelo seu potencial papel na redução do risco de paragem cardíaca. Alguns estudos demonstraram que a suplementação com selénio pode ajudar a melhorar a estabilidade eléctrica do coração e reduzir a incidência de fibrilhação ventricular. No entanto, é necessária mais investigação para estabelecer recomendações claras.

Selénio e complicações pós-operatórias: A suplementação com selénio tem sido estudada pelos seus potenciais benefícios na redução de complicações pós-operatórias, particularmente em doentes de cirurgia cardíaca. Alguns estudos sugerem que o selénio pode ajudar a melhorar a cicatrização de feridas, reduzir infecções e melhorar a recuperação geral em indivíduos submetidos a cirurgia cardíaca. No entanto, são necessários mais estudos para determinar a dose e a duração ideais da suplementação com selénio neste contexto.

É importante notar que, embora o selénio seja benéfico para a saúde do coração, a sua ingestão excessiva pode ser prejudicial. Níveis elevados de selénio podem levar à selenose, como mencionado anteriormente. A ingestão diária recomendada de selénio para adultos é de cerca de 55 microgramas por dia, e é geralmente recomendado obter selénio através de uma dieta equilibrada que inclua alimentos ricos em selénio.

Como sempre, é aconselhável consultar um profissional de saúde para obter aconselhamento e orientação personalizados sobre nutrição e saúde do coração, especialmente se tiver preocupações específicas ou condições médicas relacionadas com o seu sistema cardiovascular. Estes podem fornecer recomendações personalizadas com base nas suas necessidades individuais e ajudar a garantir que mantém uma abordagem completa à saúde do coração.

Selénio e coagulação sanguínea: O selénio desempenha um papel na regulação da coagulação do sangue. Ajuda a manter o equilíbrio entre os factores de coagulação e anti-coagulação no sangue, o que é importante para evitar a formação excessiva de coágulos. Uma coagulação sanguínea adequada é crucial para a saúde cardiovascular, uma vez que uma coagulação anormal pode levar a condições como trombose venosa profunda ou coagulação dentro das artérias, potencialmente causando ataques cardíacos ou derrames.

Selénio e função endotelial: O endotélio é o revestimento interno dos vasos sanguíneos. Desempenha um papel fundamental na regulação do tónus vascular, do fluxo sanguíneo e na manutenção da integridade dos vasos sanguíneos. Foi demonstrado que o selénio apoia a função endotelial, reduzindo o stress oxidativo e a inflamação, promovendo a produção de óxido nítrico (uma molécula que ajuda a dilatar os vasos sanguíneos) e protegendo o endotélio de danos. Uma função endotelial saudável é essencial para manter uma saúde cardiovascular óptima.

Selénio e desempenho no exercício físico: O selénio pode ter um impacto no desempenho do exercício, o que está indiretamente relacionado com a saúde do coração. A investigação sugere que a suplementação com selénio pode melhorar a tolerância ao exercício e o desempenho através da redução do stress oxidativo, do aumento das defesas antioxidantes e do apoio à função muscular. A atividade física regular é benéfica para a saúde cardiovascular, e o papel potencial do selénio na melhoria do desempenho do exercício pode contribuir para o bem-estar geral do coração.

Selénio e doença cardíaca congénita: A doença cardíaca congénita refere-se a defeitos estruturais do coração presentes à nascença. O selénio tem sido investigado pelo seu potencial papel na prevenção ou redução da gravidade das doenças cardíacas congénitas. Estudos demonstraram que a ingestão materna de selénio durante a gravidez pode influenciar o desenvolvimento cardíaco do feto e reduzir o risco de certos defeitos cardíacos congénitos. No entanto, é necessária mais investigação para estabelecer recomendações claras neste domínio.

Selénio e cardiomiopatia: A cardiomiopatia é uma doença que afecta o músculo cardíaco, provocando o seu aumento, espessamento ou enfraquecimento. O papel do selénio na manutenção da saúde e da função do músculo cardíaco torna-o potencialmente benéfico na prevenção ou no tratamento da cardiomiopatia. A suplementação com selénio foi estudada em indivíduos com cardiomiopatia dilatada, mostrando potenciais benefícios na melhoria da função cardíaca e na redução dos sintomas.

É importante notar que, embora o selénio seja benéfico para a saúde do coração, deve ser obtido através de uma dieta equilibrada em vez de depender apenas de suplementos. Como mencionado anteriormente, os alimentos ricos em selénio incluem castanhas do Brasil, marisco, aves, ovos, cereais integrais e produtos lácteos.

Consulte sempre um profissional de saúde para obter aconselhamento e orientação personalizados sobre nutrição e saúde do coração, especialmente se tiver preocupações específicas ou condições médicas relacionadas com o seu sistema cardiovascular. Estes profissionais podem fornecer recomendações personalizadas com base nas suas necessidades individuais e ajudá-lo a manter uma abordagem holística à saúde do coração.

O Selénio e a Remodelação Cardíaca: A remodelação cardíaca refere-se às alterações estruturais e funcionais que ocorrem no coração em resposta a lesões ou stress. O selénio tem sido estudado pelo seu potencial papel na modulação dos processos de remodelação cardíaca. A investigação sugere que a suplementação com selénio pode ajudar a reduzir a remodelação cardíaca adversa, como a hipertrofia (aumento) das células do músculo cardíaco e a fibrose (acumulação excessiva de tecido cicatricial) no coração. Ao promover uma remodelação mais saudável, o selénio pode contribuir para uma melhor função cardíaca e reduzir o risco de insuficiência cardíaca.

Selénio e equilíbrio eletrolítico: O selénio está envolvido na manutenção do equilíbrio adequado dos electrólitos no corpo, incluindo os níveis de potássio, sódio e cálcio. Os electrólitos são essenciais para o funcionamento normal do coração, pois ajudam a regular a atividade eléctrica do coração e a garantir contracções adequadas. Níveis adequados de selénio apoiam o equilíbrio dos electrólitos, contribuindo para um ritmo e função cardíacos ideais.

Selénio e produção de óxido nítrico: O óxido nítrico (NO) é uma molécula produzida no organismo que ajuda a dilatar os vasos sanguíneos, melhorando o fluxo sanguíneo e reduzindo a pressão arterial. O selénio está envolvido na produção e reciclagem da óxido nítrico sintase, uma enzima responsável pela síntese do óxido nítrico. Ao apoiar a produção de óxido nítrico, o selénio ajuda a promover a função saudável dos vasos sanguíneos e a manter níveis ideais de pressão arterial.

Selénio e perfil lipídico: O selénio tem sido estudado pelos seus potenciais efeitos no perfil lipídico, incluindo os níveis de colesterol e triglicéridos. Alguns estudos sugerem que a suplementação com selénio pode ajudar a reduzir o colesterol total, o colesterol LDL (frequentemente designado por "mau" colesterol) e os níveis de triglicéridos, enquanto aumenta o colesterol HDL (frequentemente designado por "bom" colesterol). A manutenção de um perfil lipídico saudável é importante para a saúde cardiovascular, uma vez que níveis elevados de colesterol LDL e triglicéridos estão associados a um risco acrescido de doença cardíaca.

Selénio e efeitos anti-inflamatórios: A inflamação crónica é um fator que contribui para o desenvolvimento e progressão de doenças cardíacas. O papel do selénio como antioxidante ajuda a reduzir a inflamação no corpo. Pode inibir a produção de moléculas pró-inflamatórias e apoiar a atividade de enzimas anti-inflamatórias. Ao reduzir a inflamação, o selénio pode ajudar a proteger contra o desenvolvimento de aterosclerose e outras condições inflamatórias que afectam a saúde do coração.

Lembre-se que, embora o selénio seja benéfico para a saúde do coração, a ingestão excessiva pode levar à toxicidade. A ingestão diária recomendada de selénio para adultos é de cerca de 55 microgramas por dia, e é geralmente recomendado obter selénio através de uma dieta equilibrada que inclua alimentos ricos em selénio.

Consulte sempre um profissional de saúde para obter aconselhamento e orientação personalizados sobre nutrição e saúde do coração, especialmente se tiver preocupações específicas ou condições médicas relacionadas com o seu sistema cardiovascular. Estes podem fornecer recomendações personalizadas com base nas suas necessidades individuais e ajudar a garantir que mantém uma abordagem completa à saúde do coração.

Selénio e saúde arterial: O selénio tem sido estudado pelos seus potenciais benefícios na promoção da saúde arterial. As artérias são vasos sanguíneos que transportam sangue rico em oxigénio do coração para várias partes do corpo. As propriedades antioxidantes do selénio ajudam a reduzir o stress oxidativo nas artérias, que pode contribuir para o desenvolvimento da aterosclerose. A aterosclerose é a acumulação de placas nas artérias, levando ao estreitamento e à redução do fluxo sanguíneo. Ao reduzir o stress oxidativo e a inflamação, o selénio apoia a saúde arterial e ajuda a prevenir ou a retardar a progressão da aterosclerose.

O selénio e a oxidação dos lípidos no sangue: A oxidação dos lípidos (gorduras) no sangue pode contribuir para o desenvolvimento da aterosclerose e das doenças cardiovasculares. A atividade antioxidante do selénio ajuda a proteger os lípidos da oxidação, reduzindo o risco de peroxidação lipídica. Ao prevenir a oxidação dos lípidos, o selénio apoia a saúde cardiovascular e reduz a formação de placas nas artérias.

Selénio e regulação da pressão arterial: O selénio tem sido investigado pelo seu potencial papel na regulação da pressão arterial. A pressão arterial elevada (hipertensão) é um importante fator de risco para doenças cardíacas. Alguns estudos sugerem que a suplementação com selénio pode ajudar a baixar os níveis de pressão arterial, particularmente em indivíduos com hipertensão. Pensa-se que os efeitos antioxidantes e anti-inflamatórios do selénio contribuem para as suas propriedades de redução da pressão arterial .

Interações entre o selénio e os nutrientes cardioprotectores: O selénio funciona em sinergia com outros nutrientes para apoiar a saúde do coração. Por exemplo, o selénio e a vitamina E têm uma relação recíproca, em que o selénio ajuda a regenerar a vitamina E e a vitamina E protege o selénio dos danos oxidativos. Esta interação aumenta os efeitos cardioprotectores globais de ambos os nutrientes. Da mesma forma, o selénio funciona em conjunto com outros antioxidantes como a vitamina C e o beta-caroteno para combater o stress oxidativo e apoiar a saúde cardiovascular.

Selénio e transplante cardíaco: O selénio tem sido estudado no contexto do transplante cardíaco. O transplante cardíaco é um procedimento cirúrgico em que um coração doente é substituído por um coração saudável de um dador. A suplementação com selénio demonstrou ter potenciais benefícios na redução do stress oxidativo, no aumento das defesas antioxidantes e na melhoria da função cardíaca em receptores de transplantes cardíacos. No entanto, é necessária mais investigação para estabelecer as doses ideais e os efeitos a longo prazo.

É importante notar que o selénio deve ser obtido através de uma dieta equilibrada em vez de depender apenas de suplementos. Os alimentos ricos em selénio incluem castanhas do Brasil, marisco (como atum, sardinhas e camarão), aves, ovos, cereais integrais e produtos lácteos.

Como sempre, consulte um profissional de saúde para obter aconselhamento e orientação personalizados sobre nutrição e saúde do coração, especialmente se tiver preocupações específicas ou condições médicas relacionadas com o seu sistema cardiovascular. Este profissional pode fornecer recomendações personalizadas com base nas suas necessidades individuais e ajudá-lo a manter uma abordagem holística à saúde do coração.

Selénio e efeitos anticoagulantes: O selénio tem sido estudado pelos seus potenciais efeitos anticoagulantes, o que significa que pode ajudar a prevenir a coagulação excessiva do sangue. Os coágulos sanguíneos podem bloquear os vasos sanguíneos e levar a eventos cardiovasculares graves, como ataques cardíacos ou derrames. A capacidade do selénio para regular a produção de factores de coagulação e inibir a agregação plaquetária (aglomeração de células sanguíneas) pode contribuir para as suas propriedades anticoagulantes.

Selénio e variabilidade da frequência cardíaca: A variabilidade da frequência cardíaca (VFC) refere-se à variação do intervalo de tempo entre batimentos cardíacos consecutivos. Uma maior VFC está geralmente associada a uma melhor saúde cardiovascular e ao funcionamento do sistema nervoso autónomo. O selénio tem sido investigado pelo seu potencial papel na melhoria da VFC. Alguns estudos sugerem que a suplementação com selénio pode aumentar a VFC, indicando uma melhor regulação do ritmo cardíaco e do equilíbrio autonómico.

Selénio e função vascular: As propriedades antioxidantes e anti-inflamatórias do selénio contribuem para a manutenção de vasos sanguíneos saudáveis. Ajuda a proteger o endotélio, o revestimento interno dos vasos sanguíneos, dos danos oxidativos e da inflamação. Esta preservação da função vascular ajuda a manter um fluxo sanguíneo ótimo, a regular a pressão sanguínea e a reduzir o risco de doenças cardiovasculares, como a hipertensão e a disfunção endotelial.

Selénio e insuficiência cardíaca: A insuficiência cardíaca é uma condição em que o coração é incapaz de bombear o sangue de forma eficaz. O selénio tem sido estudado pelo seu potencial papel na prevenção e gestão da insuficiência cardíaca. A investigação sugere que a suplementação com selénio pode ajudar a melhorar a função cardíaca, reduzir os sintomas e melhorar a qualidade de vida em indivíduos com insuficiência cardíaca. No entanto, são necessários mais estudos para estabelecer recomendações claras relativamente à suplementação com selénio em doentes com insuficiência cardíaca.

Selénio e enfarte do miocárdio: O enfarte do miocárdio, vulgarmente conhecido como ataque cardíaco, ocorre quando o fornecimento de sangue ao músculo cardíaco é bloqueado, provocando danos nos tecidos. O selénio tem sido investigado pelos seus potenciais efeitos protectores contra o enfarte do miocárdio. Alguns estudos sugerem que níveis mais elevados de selénio estão associados a um risco reduzido de enfarte do miocárdio. No entanto, a relação entre o selénio e o enfarte do miocárdio é complexa, sendo necessária mais investigação para compreender totalmente esta associação.

É importante notar que, embora o selénio seja benéfico para a saúde do coração, a sua ingestão excessiva pode levar à toxicidade. A ingestão diária recomendada de selénio para adultos é de cerca de 55 microgramas por dia, e é geralmente recomendado obter selénio através de uma dieta equilibrada que inclua alimentos ricos em selénio.

Consulte sempre um profissional de saúde para obter aconselhamento e orientação personalizados sobre nutrição e saúde do coração, especialmente se tiver preocupações específicas ou condições médicas relacionadas com o seu sistema cardiovascular. Estes podem fornecer recomendações personalizadas com base nas suas necessidades individuais e ajudar a garantir que mantém uma abordagem completa à saúde do coração.

Selénio e stress oxidativo: O selénio é um componente das selenoproteínas, que actuam como poderosos antioxidantes no organismo. Estas selenoproteínas ajudam a neutralizar os radicais livres nocivos e a reduzir o stress oxidativo. O stress oxidativo é um desequilíbrio entre a produção de radicais livres e a capacidade do organismo para contrariar os seus efeitos nocivos. O stress oxidativo crónico pode danificar as células, incluindo as do coração, e contribuir para o desenvolvimento de doenças cardiovasculares. As propriedades antioxidantes do selénio ajudam a proteger o coração dos danos oxidativos e a manter a sua saúde geral.

Selénio e inflamação: A inflamação crónica é um fator chave no desenvolvimento e progressão de doenças cardiovasculares, como a aterosclerose e a insuficiência cardíaca. O selénio tem propriedades anti-inflamatórias, que podem ajudar a reduzir a inflamação e os seus efeitos prejudiciais no coração e nos vasos sanguíneos. Ao modular as respostas inflamatórias, o selénio pode ajudar a prevenir o início e a progressão dos processos inflamatórios envolvidos nas doenças cardíacas.

Selénio e ritmo cardíaco: O selénio está envolvido na regulação do ritmo cardíaco e da condução eléctrica. Apoia a produção e a atividade de enzimas que mantêm o equilíbrio dos electrólitos, como o potássio e o cálcio, que são essenciais para o bom funcionamento do coração. Níveis adequados de selénio ajudam a garantir um ritmo cardíaco normal e a prevenir arritmias, que são padrões anormais do ritmo cardíaco que podem aumentar o risco de eventos cardiovasculares.

Selénio e elasticidade dos vasos sanguíneos: A elasticidade dos vasos sanguíneos é importante para manter níveis saudáveis de pressão sanguínea e um fluxo sanguíneo ótimo. O selénio está envolvido na síntese e manutenção da elastina, uma proteína que confere elasticidade aos vasos sanguíneos. Ao apoiar a produção de elastina, o selénio ajuda a preservar a flexibilidade e a integridade dos vasos sanguíneos, reduzindo o risco de hipertensão e promovendo a saúde cardiovascular geral.

Selénio e metabolismo da homocisteína: A homocisteína é um aminoácido que, quando presente em níveis elevados, está associado a um risco acrescido de doença cardiovascular. O selénio desempenha um papel no metabolismo

da homocisteína, ajudando a convertê-la numa forma menos prejudicial. Ao promover o metabolismo adequado da homocisteína, o selénio pode ajudar a reduzir os seus efeitos prejudiciais no sistema cardiovascular.
É importante notar que, embora o selénio seja benéfico para a saúde do coração, a sua ingestão excessiva pode levar à toxicidade. A ingestão diária recomendada de selénio para adultos é de cerca de 55 microgramas por dia, e é geralmente recomendado obter selénio através de uma dieta equilibrada que inclua alimentos ricos em selénio.
Consulte sempre um profissional de saúde para obter aconselhamento e orientação personalizados sobre nutrição e saúde do coração, especialmente se tiver preocupações específicas ou condições médicas relacionadas com o seu sistema cardiovascular. Estes podem fornecer recomendações personalizadas com base nas suas necessidades individuais e ajudar a garantir que mantém uma abordagem completa à saúde do coração.
Selénio e função do músculo cardíaco: O selénio desempenha um papel crucial na manutenção da função adequada das células do músculo cardíaco, também conhecidas como cardiomiócitos. Apoia a produção e a atividade das selenoproteínas, que estão envolvidas em vários processos celulares no coração, incluindo o metabolismo energético, a defesa antioxidante e a regulação do cálcio. Níveis adequados de selénio ajudam a garantir uma função óptima do músculo cardíaco, contribuindo para a saúde cardíaca geral.
Selénio e regulação da pressão arterial: O selénio tem sido investigado pelo seu potencial papel na regulação da pressão arterial. A pressão arterial elevada, ou hipertensão, é um importante fator de risco para doenças cardiovasculares. Alguns estudos sugerem que a suplementação com selénio pode ajudar a baixar os níveis de pressão arterial, particularmente em indivíduos com hipertensão. Pensa-se que os efeitos antioxidantes e anti-inflamatórios do selénio contribuem para as suas propriedades de redução da pressão arterial.
Selénio e função endotelial: O endotélio é o revestimento interno dos vasos sanguíneos e a sua função adequada é crucial para manter a saúde vascular. Foi demonstrado que o selénio melhora a função endotelial reduzindo o stress oxidativo, aumentando a produção de óxido nítrico e promovendo a vasodilatação (o alargamento dos vasos sanguíneos). Ao apoiar a função endotelial, o selénio ajuda a regular o fluxo sanguíneo, a reduzir a inflamação e a manter níveis saudáveis de pressão arterial.
Selénio e metabolismo do colesterol: O selénio tem sido estudado pelos seus potenciais efeitos no metabolismo do colesterol. Pode ajudar a regular a atividade das enzimas envolvidas na síntese e no metabolismo do colesterol,

conduzindo a um perfil lipídico favorável. Alguns estudos sugerem que a suplementação com selénio pode ajudar a reduzir o colesterol total, o colesterol LDL (frequentemente designado por "mau" colesterol) e os níveis de triglicéridos, enquanto aumenta o colesterol HDL (frequentemente designado por "bom" colesterol). A manutenção de um perfil lipídico saudável é importante para a saúde cardiovascular.

O selénio e a saúde das válvulas cardíacas: As propriedades antioxidantes do selénio podem ajudar a proteger as válvulas cardíacas do stress oxidativo e da inflamação. As válvulas cardíacas desempenham um papel crucial na garantia de um fluxo sanguíneo adequado no coração. A disfunção ou danos nas válvulas cardíacas podem levar a condições como a doença cardíaca valvular. A capacidade do selénio para reduzir o stress oxidativo e a inflamação pode contribuir para a manutenção de válvulas cardíacas saudáveis.

É importante notar que, embora o selénio seja benéfico para a saúde do coração, a sua ingestão excessiva pode levar à toxicidade. A ingestão diária recomendada de selénio para adultos é de cerca de 55 microgramas por dia, e é geralmente recomendado obter selénio através de uma dieta equilibrada que inclua alimentos ricos em selénio.

Consulte sempre um profissional de saúde para obter aconselhamento e orientação personalizados sobre nutrição e saúde do coração, especialmente se tiver preocupações específicas ou condições médicas relacionadas com o seu sistema cardiovascular. Eles podem fornecer recomendações personalizadas com base nas suas necessidades individuais e ajudar a garantir que mantém uma abordagem completa à saúde do coração.

2-3 O selénio e o cancro

O selénio é um mineral essencial que é importante para várias funções corporais, incluindo o bom funcionamento do sistema imunitário e da glândula tiroide. É também um antioxidante, o que significa que ajuda a proteger as células dos danos causados pelos radicais livres.

Tem havido alguma investigação científica que examina a relação entre o selénio e o cancro. Os estudos sugerem que o selénio pode ter um efeito protetor contra certos tipos de cancro, particularmente os cancros da próstata, do pulmão, colorrectal e da bexiga.

No entanto, as provas relativas ao papel do selénio na prevenção do cancro não são conclusivas, e alguns estudos sugeriram mesmo potenciais efeitos nocivos da suplementação com selénio em determinadas situações. Por exemplo, níveis elevados de ingestão de selénio têm sido associados a um risco acrescido de desenvolver diabetes tipo 2.

É importante notar que os níveis ideais de ingestão de selénio para a prevenção do cancro, se é que existem, ainda não estão bem estabelecidos. O selénio está presente numa variedade de alimentos, incluindo castanhas do Brasil, marisco, carne, aves e cereais. Geralmente, recomenda-se a obtenção de nutrientes através de uma dieta equilibrada em vez de depender de suplementos.

Se tiver dúvidas sobre a prevenção do cancro ou a toma de suplementos de selénio, é sempre melhor consultar um profissional de saúde que possa fornecer conselhos personalizados com base na sua situação de saúde específica. Este profissional pode ter em conta vários factores, como a idade, o sexo, o estado geral de saúde e o historial familiar de cancro, para fornecer recomendações adequadas.

Propriedades antioxidantes: O selénio actua como um antioxidante, ajudando a prevenir os danos celulares causados pelos radicais livres. Os radicais livres são moléculas altamente reactivas que podem danificar o ADN e outros componentes celulares, conduzindo potencialmente ao desenvolvimento do cancro. Ao neutralizar os radicais livres, o selénio pode ajudar a proteger contra o início e a progressão do cancro.

Prevenção do cancro: Vários estudos epidemiológicos investigaram a associação entre os níveis de selénio e o risco de cancro. Alguns estudos sugerem que níveis mais elevados de selénio no organismo estão associados a um menor risco de determinados cancros. Por exemplo, a investigação indicou que os indivíduos com níveis mais elevados de selénio podem ter um risco reduzido de cancro da próstata, do pulmão, colorrectal e da bexiga. No entanto, os resultados têm sido inconsistentes em diferentes estudos, e é necessária mais investigação para estabelecer conclusões definitivas.

Mecanismos de ação: O selénio está envolvido em vários processos biológicos que podem contribuir para os seus potenciais efeitos anticancerígenos. Desempenha um papel na reparação do ADN, na regulação do ciclo celular, na função imunitária e na modulação da inflamação. Estes mecanismos podem potencialmente influenciar o desenvolvimento e a progressão do cancro.

Fontes de selénio: O selénio está naturalmente presente no solo, e o seu conteúdo varia geograficamente. Como resultado, o teor de selénio nos alimentos à base de plantas pode variar dependendo do solo em que são cultivados. Boas fontes dietéticas de selénio incluem castanhas do Brasil, marisco (como atum, sardinhas e camarão), carne (particularmente carnes de órgãos), aves, ovos e cereais. A quantidade de selénio nestes alimentos pode variar, pelo que é importante manter uma dieta variada e equilibrada.

Suplementação com selénio: Embora o selénio seja um nutriente essencial, é importante notar que a ingestão excessiva de selénio pode ser prejudicial. Doses elevadas de suplementos de selénio podem levar à toxicidade, conhecida como selenose, que pode causar sintomas como queda de cabelo, unhas quebradiças, distúrbios gastrointestinais e anomalias neurológicas. Por conseguinte, é geralmente recomendado obter selénio através de uma dieta equilibrada em vez de depender de suplementos, a menos que especificamente aconselhado por um profissional de saúde.

Variações individuais: A relação entre o selénio e o cancro é complexa e pode variar entre indivíduos. Factores como variações genéticas, dieta geral e outros factores de estilo de vida podem influenciar os potenciais benefícios ou riscos associados à ingestão de selénio. Por conseguinte, é importante considerar as circunstâncias específicas de cada indivíduo ao avaliar o papel do selénio na prevenção do cancro.

Em resumo, embora o selénio tenha sido estudado pelo seu potencial papel na prevenção do cancro, as provas não são conclusivas. É melhor obter selénio através de uma dieta variada e equilibrada em vez de depender de suplementos, e é sempre aconselhável consultar um profissional de saúde para obter conselhos personalizados sobre a prevenção do cancro e a ingestão de selénio.

Selénio e reparação do ADN: O selénio está envolvido nos processos de reparação do ADN, que são essenciais para manter a integridade do nosso material genético. Quando ocorrem danos no ADN, as enzimas que contêm selénio, chamadas selenoproteínas, ajudam a reparar os danos e a evitar a acumulação de mutações que podem contribuir para o desenvolvimento do cancro.

Selénio e função imunitária: O selénio desempenha um papel crucial no bom funcionamento do sistema imunitário. Ajuda a regular as respostas imunitárias, incluindo a ativação e a proliferação de células imunitárias. O bom funcionamento do sistema imunitário é importante para identificar e eliminar as células cancerosas do organismo.

Selénio e inflamação: A inflamação crónica tem sido associada a um maior risco de cancro. O selénio tem propriedades anti-inflamatórias e pode ajudar a modular a resposta inflamatória no organismo. Ao reduzir a inflamação crónica, o selénio pode potencialmente diminuir o risco de desenvolvimento de cancro.

Selénio e stress oxidativo: O stress oxidativo ocorre quando há um desequilíbrio entre a produção de radicais livres e a capacidade do organismo para os neutralizar. O selénio, enquanto antioxidante, ajuda a contrariar o stress oxidativo, neutralizando os radicais livres e prevenindo os danos nas células e nos tecidos. Ao reduzir o stress oxidativo, o selénio pode desempenhar um papel na prevenção do desenvolvimento do cancro.

Selénio e cancros específicos: Embora as provas não sejam conclusivas, alguns estudos sugeriram um potencial efeito protetor do selénio contra tipos específicos de cancro:

Cancro da próstata: Vários estudos mostraram uma associação entre níveis mais elevados de selénio e um risco reduzido de cancro da próstata. No entanto, outros estudos não encontraram um efeito protetor significativo. A relação entre o selénio e o cancro da próstata é complexa e pode depender de vários factores, incluindo os níveis de selénio de base e a genética individual.

Cancro do pulmão: Alguns estudos indicaram que níveis mais elevados de selénio podem estar associados a um menor risco de cancro do pulmão, particularmente em indivíduos com baixo nível de selénio. No entanto, outros estudos não encontraram uma associação consistente.

Cancro colorrectal: Existem algumas evidências que sugerem que o selénio pode ter um efeito protetor contra o cancro colorrectal. No entanto, é necessária mais investigação para estabelecer uma relação definitiva.

Selénio e tratamento do cancro: A toma de suplementos de selénio durante o tratamento do cancro é uma área de investigação em curso. Alguns estudos sugerem que a suplementação com selénio pode aumentar a eficácia de certos tratamentos contra o cancro, como a quimioterapia e a radioterapia. No entanto, é necessária mais investigação para determinar as dosagens ideais e os potenciais benefícios em diferentes tipos de cancro e regimes de tratamento.

É importante notar que, embora o selénio seja promissor na prevenção do cancro, não deve ser considerado um tratamento autónomo ou um substituto das terapias convencionais contra o cancro. O cancro é uma doença complexa influenciada por múltiplos factores, e as respostas individuais ao selénio podem variar. É sempre recomendável consultar profissionais de saúde e seguir orientações baseadas em evidências para a prevenção e tratamento do cancro.

Selénio e cancro da mama: A relação entre o selénio e o cancro da mama ainda está a ser estudada, e os resultados têm sido variados. Algumas pesquisas sugerem que níveis mais elevados de selénio podem estar associados a um risco reduzido de cancro da mama, enquanto outros estudos não encontraram um efeito protetor significativo. É necessária mais investigação para compreender melhor o potencial papel do selénio na prevenção do cancro da mama.

Selénio e cancro da tiroide: O selénio é importante para o bom

funcionamento da glândula tiroide, que produz hormonas que regulam o metabolismo. Alguns estudos sugerem que a suplementação com selénio pode ser benéfica para indivíduos com determinados tipos de cancro da tiroide, como o cancro da tiroide papilar e folicular. A suplementação com selénio pode ajudar a melhorar os resultados e a reduzir o risco de recorrência da doença nestes casos. No entanto, a toma de suplementos de selénio deve ser feita sob a orientação de um profissional de saúde.
Selénio e quimioprevenção: A quimioprevenção envolve a utilização de substâncias naturais ou sintéticas para reduzir o risco de desenvolvimento ou recorrência do cancro. O selénio tem sido investigado pelas suas potenciais propriedades quimiopreventivas. Embora a investigação ainda esteja em curso, alguns estudos mostraram resultados promissores. Por exemplo, a suplementação com selénio tem sido associada a uma diminuição do risco de desenvolvimento de lesões pré-cancerosas no trato gastrointestinal, como os adenomas colorrectais.
Selénio e biomarcadores: Os investigadores continuam a estudar vários biomarcadores associados ao selénio e ao cancro. Os biomarcadores são indicadores mensuráveis que podem fornecer informações sobre a presença ou a progressão de uma doença. No contexto do selénio e do cancro, os biomarcadores como as selenoproteínas e os níveis de selénio no sangue ou nos tecidos estão a ser investigados para melhor compreender a relação entre o selénio e o risco ou prognóstico do cancro.
O selénio e as variações individuais: Os efeitos do selénio no risco e prevenção do cancro podem variar entre indivíduos devido a factores genéticos e variações individuais no metabolismo. As variações genéticas nos genes das selenoproteínas, que são responsáveis pelo metabolismo e função do selénio, podem influenciar a forma como os indivíduos respondem à suplementação de selénio ou à ingestão de selénio na dieta. A compreensão destas diferenças individuais é importante para abordagens personalizadas de prevenção e tratamento do cancro.
O selénio e os ensaios clínicos: Estão a decorrer ensaios clínicos para investigar o papel do selénio na prevenção e tratamento do cancro. Estes ensaios têm como objetivo avaliar a eficácia da suplementação com selénio, avaliar as dosagens ideais e explorar potenciais interações com outros tratamentos. A participação em ensaios clínicos pode ajudar os investigadores a recolher mais dados e a fornecer informações valiosas sobre a relação entre o selénio e o cancro.
É importante notar que, embora o selénio se mostre promissor em certos aspectos da prevenção e tratamento do cancro , é necessária mais

investigação para estabelecer recomendações definitivas. É sempre aconselhável consultar profissionais de saúde que possam fornecer orientações personalizadas com base no seu estado de saúde e factores de risco específicos. Eles podem ajudá-lo a tomar decisões informadas sobre a ingestão de selénio e o seu potencial papel na prevenção ou tratamento do cancro.

Selénio e metilação do ADN: A metilação do ADN é uma modificação epigenética que pode influenciar a expressão genética e desempenhar um papel no desenvolvimento do cancro. Alguns estudos sugerem que o selénio pode afetar os padrões de metilação do ADN, influenciando potencialmente os genes relacionados com o cancro. No entanto, os mecanismos exactos e as implicações do envolvimento do selénio na metilação do ADN ainda estão a ser investigados.

Selénio e efeitos secundários da quimioterapia: A suplementação com selénio tem sido estudada pelo seu potencial para reduzir os efeitos secundários da quimioterapia. Alguns estudos sugerem que o selénio pode ajudar a proteger contra a toxicidade induzida pela quimioterapia, como os danos nas células e tecidos saudáveis. No entanto, são necessários mais estudos para estabelecer a eficácia e a segurança da suplementação com selénio neste contexto.

O selénio e os biomarcadores do cancro: Os biomarcadores são indicadores mensuráveis que podem fornecer informações sobre a presença, a progressão ou a resposta ao tratamento do cancro. Os níveis de selénio e as selenoproteínas têm sido explorados como potenciais biomarcadores do risco de cancro, do prognóstico e da resposta ao tratamento. A monitorização destes biomarcadores pode ajudar a identificar indivíduos que possam beneficiar de intervenções com selénio ou avaliar a eficácia de tratamentos à base de selénio.

Selénio e metástases de cancro: A metástase é a disseminação de células cancerígenas do tumor primário para outras partes do corpo. O selénio tem sido investigado pelo seu potencial para inibir a migração e invasão das células cancerígenas, que são passos cruciais no processo metastático. Alguns estudos sugeriram que os compostos de selénio podem ter propriedades anti-metastáticas, mas é necessária mais investigação para compreender melhor os mecanismos e as potenciais aplicações clínicas.

Selénio e medicina personalizada: A medicina personalizada tem como objetivo adaptar tratamentos e intervenções médicas a doentes individuais com base nas suas caraterísticas únicas, incluindo a composição genética, factores de estilo de vida e perfis de biomarcadores. O papel do selénio na prevenção e tratamento do cancro pode variar entre indivíduos devido a variações genéticas e outros factores. A compreensão destas diferenças individuais pode ajudar a desenvolver abordagens personalizadas para a suplementação com selénio ou recomendações dietéticas para a prevenção e tratamento do cancro.

O selénio e outros problemas de saúde: Os efeitos do selénio vão para além da prevenção e tratamento do cancro. Desempenha um papel em vários outros problemas de saúde, incluindo a saúde cardiovascular, a função da tiroide, a função do sistema imunitário e a saúde cognitiva. A deficiência de selénio pode levar a doenças como a doença de Keshan (uma forma de doença cardíaca) e a doença de Kashin-Beck (uma forma de osteoartrite). A manutenção de níveis adequados de selénio é importante para a saúde geral e recomenda-se a obtenção de selénio através de uma dieta equilibrada.

À medida que a investigação neste campo continua a evoluir, a nossa compreensão do papel do selénio na prevenção e tratamento do cancro tornar-se-á provavelmente mais refinada. É crucial manter-se atualizado com a literatura científica atual e consultar profissionais de saúde para tomar decisões informadas sobre a ingestão de selénio e as suas potenciais implicações para a sua situação de saúde específica.

O selénio e a apoptose: A apoptose, também conhecida como morte celular programada, é um processo natural que ajuda a regular o crescimento celular e a eliminar as células velhas ou danificadas. A disfunção da apoptose pode contribuir para o desenvolvimento e a progressão do cancro. O selénio tem sido estudado pelo seu potencial para induzir a apoptose nas células cancerígenas, inibindo assim o seu crescimento e promovendo a morte celular. Este efeito apoptótico do selénio é um dos mecanismos através dos quais este pode exercer as suas propriedades anticancerígenas.

Selénio e angiogénese: A angiogénese é a formação de novos vasos sanguíneos, essencial para o crescimento de tumores e metástases. O selénio tem sido investigado pelo seu potencial para inibir a angiogénese, limitando assim o fornecimento de sangue aos tumores e impedindo o seu crescimento. Ao visar o processo de angiogénese, o selénio pode ter efeitos anti-cancerígenos.

Selénio e sensibilidade à quimioterapia: Alguns estudos sugerem que a suplementação com selénio pode aumentar a eficácia dos medicamentos de quimioterapia. Foi demonstrado que o selénio sensibiliza as células cancerígenas à quimioterapia, tornando-as mais susceptíveis aos efeitos citotóxicos dos medicamentos. Esta potencial sinergia entre o selénio e a quimioterapia pode melhorar os resultados do tratamento e reduzir a resistência aos medicamentos em certos tipos de cancro.

Selénio e radioterapia: A radioterapia é uma modalidade de tratamento comum para o cancro. Estudos pré-clínicos indicaram que a suplementação com selénio pode aumentar os efeitos da radioterapia, aumentando a sensibilidade das células cancerígenas à morte celular induzida pela radiação. No entanto, é necessária mais investigação para determinar as dosagens ideais e os potenciais benefícios da suplementação de selénio em conjunto com a radioterapia.

O selénio e a recorrência do cancro: A recorrência do cancro refere-se ao regresso do cancro após o tratamento. Alguns estudos sugerem que a toma de suplementos de selénio pode ajudar a reduzir o risco de recorrência do cancro. Por exemplo, em indivíduos com um historial de cancro de pele não melanoma, o selénio foi associado a uma diminuição do risco de recorrência do cancro. No entanto, é necessária mais investigação para determinar a eficácia do selénio na prevenção da recorrência do cancro em diferentes tipos de cancro.

O Selénio e a Nutrigenómica: A nutrigenómica é o estudo da forma como os nutrientes interagem com os genes e influenciam a expressão genética. O selénio tem sido investigado no contexto da nutrigenómica para melhor compreender os seus efeitos na expressão e nas vias dos genes relacionados com o cancro. Ao estudar as interações entre o selénio e genes específicos, os investigadores pretendem descobrir abordagens personalizadas para a prevenção e tratamento do cancro.

É importante notar que, embora o selénio se mostre promissor em vários aspectos da prevenção e tratamento do cancro, é necessária mais investigação para estabelecer a sua eficácia, as doses ideais e as potenciais interações com outras terapias. É sempre aconselhável consultar profissionais de saúde para obter aconselhamento personalizado com base no seu estado de saúde e plano de tratamento específicos.

O selénio e a epigenética: A epigenética refere-se a mudanças na expressão genética que não são causadas por alterações na sequência do ADN em si, mas sim por modificações no ADN ou nas suas proteínas associadas. Verificou-se que o selénio influencia os processos epigenéticos, incluindo a metilação do ADN e as modificações das histonas, que podem afetar os padrões de expressão genética nas células cancerígenas. Ao modular os mecanismos epigenéticos, o selénio pode desempenhar um papel na regulação do desenvolvimento e da progressão do cancro.

Selénio e Defesa Antioxidante: O selénio é um componente das selenoproteínas, que actuam como antioxidantes e ajudam a proteger as células do stress oxidativo. O stress oxidativo ocorre quando há um desequilíbrio entre a produção de espécies reactivas de oxigénio (ROS) e as defesas antioxidantes do organismo. O excesso de ROS pode causar danos no ADN e contribuir para o desenvolvimento do cancro. O selénio, através do seu papel como antioxidante, ajuda a neutralizar as ERO e a reduzir o stress oxidativo, reduzindo potencialmente o risco de cancro.

O selénio e os cancros relacionados com as hormonas: Alguns cancros relacionados com as hormonas foram estudados em relação ao selénio. Por exemplo, a investigação explorou os potenciais efeitos protectores do selénio contra o cancro do ovário. O selénio pode ajudar a regular o metabolismo hormonal e a reduzir a inflamação, que são factores associados ao desenvolvimento de cancros relacionados com as hormonas. No entanto, são necessários mais estudos para estabelecer conclusões definitivas sobre o impacto do selénio nos cancros relacionados com as hormonas.

Selénio e terapias combinadas: O selénio tem sido investigado em combinação com outras terapêuticas para determinar se pode aumentar a sua eficácia. Por exemplo, a investigação tem explorado a combinação do selénio com determinados agentes quimioterapêuticos ou terapias direcionadas para melhorar os resultados do tratamento. Estas abordagens combinadas visam tirar partido das potenciais propriedades quimiopreventivas e quimiossensibilizadoras do selénio.

Selénio e estado nutricional: Os níveis de selénio podem variar consoante a localização geográfica e a ingestão alimentar. Em regiões onde os níveis de selénio no solo são baixos, as culturas alimentares podem ter um teor inadequado de selénio, levando a uma deficiência de selénio na população. A deficiência de selénio tem sido associada a um risco acrescido de determinados cancros. Por outro lado, a ingestão excessiva de selénio pode ser prejudicial. Atingir um equilíbrio ótimo de ingestão de selénio é crucial para manter a saúde e reduzir o risco de cancro.

Fontes de selénio: O selénio pode ser obtido através de fontes alimentares, incluindo marisco, carnes, castanhas do Brasil, cereais integrais e determinados vegetais. O teor de selénio nos alimentos depende do teor de selénio do solo em que as plantas são cultivadas ou onde os animais pastam. Também existem suplementos de selénio, mas é importante utilizá-los sob a orientação de um profissional de saúde para evitar uma ingestão excessiva.

O selénio e as diretrizes clínicas: Várias organizações, como a Organização Mundial de Saúde (OMS) e o National Cancer Institute (NCI), fornecem diretrizes sobre a ingestão de selénio e o seu potencial papel na prevenção do cancro. Estas diretrizes têm em conta factores como a idade, o sexo e a localização geográfica. Seguir estas diretrizes pode ajudar as pessoas a tomar decisões informadas sobre a sua ingestão de selénio.

É importante notar que, embora o selénio se mostre promissor na prevenção e no tratamento do cancro, é necessária mais investigação para compreender totalmente os seus mecanismos e estabelecer recomendações claras. É sempre aconselhável consultar profissionais de saúde e seguir orientações baseadas em evidências para a prevenção, suplementação ou tratamento do cancro.

Selénio e cancro da próstata: O cancro da próstata é um dos tipos de cancro mais comuns nos homens. Os estudos examinaram a associação entre o selénio e o risco de cancro da próstata, com resultados mistos. Alguns estudos sugerem que níveis mais elevados de selénio podem estar associados a uma redução do risco de cancro da próstata, em particular das formas agressivas da doença. No entanto, outros estudos não encontraram um efeito protetor significativo. É necessária mais investigação para compreender o papel potencial do selénio na prevenção e tratamento do cancro da próstata.

Selénio e cancro do pulmão: A relação entre o selénio e o cancro do pulmão é complexa e não está totalmente esclarecida. Alguns estudos sugerem que a toma de suplementos de selénio pode ter um efeito protetor contra o cancro do pulmão, particularmente em indivíduos com níveis baixos de selénio. No entanto, outros estudos não encontraram associações consistentes. O impacto do selénio no risco de cancro do pulmão pode depender de factores como o tabagismo e as variações genéticas. É necessária mais investigação para clarificar o papel do selénio na prevenção do cancro do pulmão.

Selénio e cancro da bexiga: O cancro da bexiga é outra doença maligna que tem sido estudada em relação ao selénio. A investigação demonstrou que níveis baixos de selénio podem estar associados a um risco acrescido de cancro da bexiga. A suplementação com selénio tem sido investigada como uma potencial estratégia preventiva, embora seja necessária mais investigação para determinar a dosagem ideal e a sua eficácia na redução do risco de cancro da bexiga.

Selénio e cancro colorrectal: O cancro colorrectal é uma doença maligna comum em todo o mundo. Alguns estudos sugerem que níveis mais elevados de selénio podem estar associados a um risco reduzido de cancro colorrectal. As propriedades antioxidantes e anti-inflamatórias do selénio podem contribuir para os seus potenciais efeitos protectores. No entanto, é necessária mais investigação para estabelecer a relação entre o selénio e o cancro colorrectal e para determinar a ingestão ideal de selénio para a prevenção.

Selénio e cancro do esófago: O cancro do esófago é um tipo de cancro gastrointestinal que tem sido estudado em relação ao selénio. Alguns estudos sugerem que a ingestão de selénio ou níveis mais elevados de selénio no sangue podem estar associados a um risco reduzido de cancro do esófago. As propriedades antioxidantes do selénio e o seu potencial para modular os mecanismos de reparação do ADN podem desempenhar um papel nos seus efeitos protectores. No entanto, são necessários mais estudos para confirmar estas associações e compreender os mecanismos subjacentes.

O selénio e os ensaios clínicos: Estão a decorrer ensaios clínicos para investigar os potenciais benefícios da suplementação com selénio ou de intervenções baseadas em selénio na prevenção e tratamento do cancro. Estes ensaios têm como objetivo avaliar a eficácia, a segurança e as dosagens ideais de selénio em vários tipos de cancro. A participação em ensaios clínicos pode fornecer informações valiosas sobre o potencial papel do selénio no tratamento do cancro.

É importante notar que, embora o selénio se mostre promissor em certos aspectos da prevenção e tratamento do cancro, não é um tratamento autónomo ou um substituto das terapias convencionais contra o cancro. O selénio deve ser utilizado como parte de uma abordagem abrangente ao tratamento do cancro, sob a orientação de profissionais de saúde. Estes podem fornecer conselhos personalizados com base no seu estado de saúde específico, factores de risco e plano de tratamento.

Selénio e cancro da mama: O cancro da mama é uma doença complexa e heterogénea, e a sua associação com o selénio ainda não é totalmente compreendida. Alguns estudos sugerem que níveis mais elevados de selénio podem estar associados a uma redução do risco de cancro da mama. As propriedades antioxidantes do selénio e o seu potencial para modular o metabolismo hormonal e os mecanismos de reparação do ADN podem contribuir para os seus efeitos protectores. No entanto, é necessária mais investigação para estabelecer uma ligação definitiva entre o selénio e o risco de cancro da mama.

Selénio e cancro do pâncreas: O cancro do pâncreas é um cancro altamente agressivo e muitas vezes difícil de tratar. O papel potencial do selénio na prevenção e tratamento do cancro do pâncreas é uma área de investigação em curso. Alguns estudos sugeriram uma potencial associação entre baixos níveis de selénio e um risco acrescido de cancro do pâncreas. No entanto, as provas são limitadas e é necessária mais investigação para determinar o impacto da suplementação com selénio ou de outras intervenções baseadas no selénio neste tipo específico de cancro.

Selénio e cancros da cabeça e do pescoço: Os cancros da cabeça e do pescoço, incluindo os que afectam a cavidade oral, a faringe e a laringe, têm sido explorados em relação ao selénio. Alguns estudos sugerem que níveis mais elevados de selénio ou a toma de suplementos de selénio podem estar associados a uma redução do risco destes cancros. As propriedades antioxidantes do selénio e o seu potencial para modular a função imunitária e os mecanismos de reparação do ADN podem contribuir para os seus efeitos protectores. No entanto, é necessária investigação adicional para estabelecer uma ligação definitiva entre o selénio e os cancros da cabeça e do pescoço.

Selénio e cancros gastrointestinais: Os cancros gastrointestinais, como os que afectam o estômago, o fígado e a vesícula biliar, também foram investigados em relação ao selénio. Alguns estudos sugerem que a toma de suplementos de selénio ou níveis mais elevados de selénio podem estar associados a uma diminuição do risco de cancros gastrointestinais. As propriedades antioxidantes e anti-inflamatórias do selénio podem desempenhar um papel nos seus potenciais efeitos protectores. No entanto, é necessária mais investigação para estabelecer uma relação clara entre o selénio e os cancros gastrointestinais.

Selénio e quimioprevenção: A quimioprevenção refere-se à utilização de substâncias naturais ou sintéticas para prevenir ou inibir o desenvolvimento do cancro. O selénio tem sido estudado pelas suas potenciais propriedades quimiopreventivas, particularmente em indivíduos com elevado risco de determinados cancros. Alguns estudos sugerem que a toma de suplementos de selénio pode reduzir a incidência de determinados cancros, como o cancro colorrectal, da próstata e do pulmão. No entanto, a dosagem ideal, a duração e as populações específicas que podem beneficiar das estratégias de quimioprevenção com selénio ainda estão a ser investigadas.

É importante notar que, embora o selénio se mostre promissor em certos aspectos da prevenção e tratamento do cancro, a investigação está em curso e são necessários mais estudos para estabelecer conclusões definitivas. Além disso, a suplementação com selénio deve ser abordada com cautela, uma vez que a ingestão excessiva pode ser prejudicial. É sempre aconselhável consultar profissionais de saúde para compreender a evidência científica atual, avaliar os seus factores de risco individuais e tomar decisões informadas relativamente à ingestão de selénio e às suas potenciais implicações para a sua situação de saúde específica.

Selénio e Melanoma: O melanoma é a forma mais mortal de cancro da pele. A investigação tem explorado a associação entre o selénio e o risco de melanoma, com resultados mistos. Alguns estudos sugerem que níveis mais elevados de selénio podem estar associados a um risco reduzido de melanoma. As propriedades antioxidantes do selénio e o seu potencial de proteção contra os danos no ADN provocados pela radiação ultravioleta (UV)

contribuem para os seus efeitos protectores.
No entanto, é necessária mais investigação para estabelecer uma ligação definitiva entre o selénio e a redução do risco de melanoma.
Selénio e Prognóstico: Para além dos seus potenciais efeitos preventivos, o selénio também tem sido investigado em relação ao prognóstico do cancro. Alguns estudos sugeriram que níveis mais elevados de selénio podem estar associados a melhores taxas de sobrevivência e melhores resultados de tratamento em determinados tipos de cancro, como o cancro colorrectal, do pulmão e da próstata. No entanto, as provas são limitadas e contraditórias, sendo necessária mais investigação para determinar o impacto do selénio no prognóstico do cancro.
Selénio e biomarcadores: Os biomarcadores são indicadores mensuráveis que podem fornecer informações sobre a presença, a progressão ou a resposta ao tratamento de uma doença. O selénio tem sido estudado em relação a vários biomarcadores de cancro, tais como marcadores de stress oxidativo, inflamação e danos no ADN. A investigação tem como objetivo compreender de que forma o selénio influencia estes biomarcadores e se estes podem servir como indicadores de risco de cancro, progressão ou resposta a intervenções baseadas no selénio.
Selénio e medicina personalizada: A medicina personalizada é uma abordagem que tem em conta a variabilidade individual dos genes, do ambiente e do estilo de vida para adaptar os tratamentos médicos. A investigação sobre o selénio está a explorar a forma como as variações genéticas nos genes da selenoproteína e outros genes relacionados podem influenciar a resposta de um indivíduo à suplementação com selénio ou o seu impacto no risco de cancro e nos resultados do tratamento. Este conhecimento poderá contribuir para o desenvolvimento de abordagens personalizadas para a prevenção e tratamento do cancro envolvendo o selénio.
Selénio e quimioprotecção: Os efeitos quimioprotectores do selénio vão além do seu potencial para prevenir o início e a progressão do cancro. Tem sido estudado pela sua capacidade de proteger as células e os tecidos saudáveis dos efeitos tóxicos dos tratamentos contra o cancro, como a quimioterapia e a radioterapia. As propriedades antioxidantes do selénio e a sua influência nas vias de reparação do ADN podem ajudar a atenuar os efeitos secundários relacionados com o tratamento e a aumentar a resistência dos tecidos normais durante as terapias contra o cancro. No entanto, é necessária mais investigação para determinar as estratégias e dosagens ideais para a quimioprotecção mediada pelo selénio.

É importante notar que, embora a investigação sobre o selénio seja promissora, ainda há muito a aprender sobre os seus mecanismos de ação precisos, as dosagens ideais e as potenciais interações com outros tratamentos. Por conseguinte, é sempre aconselhável consultar profissionais de saúde e confiar em orientações baseadas em provas quando se considera a utilização de selénio na prevenção, tratamento ou cuidados de apoio do cancro.

Selénio e reparação do ADN: O selénio desempenha um papel crucial nos processos de reparação do ADN. Os danos no ADN são uma ocorrência comum nas células e podem contribuir para o desenvolvimento do cancro. As proteínas que contêm selénio, conhecidas como selenoproteínas, estão envolvidas na reparação dos danos no ADN e na manutenção da estabilidade genómica. Ao apoiar os mecanismos de reparação do ADN, o selénio pode ajudar a prevenir a acumulação de mutações genéticas que podem levar ao cancro.

Selénio e função imunitária: O sistema imunitário desempenha um papel vital no reconhecimento e eliminação das células cancerígenas. Verificou-se que o selénio modula a função imunitária e melhora as respostas imunitárias contra o cancro. Pode influenciar a produção e a atividade das células imunitárias, como as células T e as células assassinas naturais, que estão envolvidas na vigilância e destruição dos tumores. Os efeitos imunomoduladores do selénio podem contribuir para as suas potenciais propriedades anticancerígenas.

Selénio e Angiogénese: A angiogénese é o processo pelo qual se formam novos vasos sanguíneos e desempenha um papel fundamental no crescimento de tumores e metástases. Descobriu-se que o selénio inibe a angiogénese, limitando assim potencialmente o fornecimento de sangue aos tumores e impedindo o seu crescimento. Ao visar a angiogénese, o selénio pode ter efeitos anticancerígenos ao suprimir a formação de novos vasos sanguíneos que alimentam os tumores.

O Selénio e a Apoptose: A apoptose, ou morte celular programada, é um processo natural que elimina as células danificadas ou anómalas. A desregulação da apoptose pode contribuir para o desenvolvimento e progressão do cancro. Foi demonstrado que o selénio induz a apoptose nas células cancerígenas, promovendo a sua morte e inibindo a sua proliferação. Ao promover a apoptose, o selénio pode ajudar a controlar o crescimento das células cancerígenas e a prevenir a formação de tumores.

Selénio e metástases: A metástase é o processo pelo qual as células cancerígenas se espalham do tumor primário para outras partes do corpo. O selénio tem sido investigado quanto ao seu potencial para inibir a metástase, visando vários passos da cascata metastática, incluindo a migração celular, a invasão e a adesão. O selénio pode interferir com as vias de sinalização envolvidas nestes processos, reduzindo potencialmente a capacidade de metastização das células cancerígenas.

Selénio e quimioresistência: A quimiorresistência, em que as células cancerosas se tornam resistentes aos medicamentos de quimioterapia, é um desafio significativo no tratamento do cancro. O selénio tem sido estudado pelo seu potencial para sensibilizar as células cancerosas à quimioterapia e ultrapassar a quimiorresistência. Pode aumentar a eficácia dos medicamentos de quimioterapia através da modulação de vários processos celulares, como a absorção de medicamentos, a reparação do ADN e a apoptose. As estratégias baseadas no selénio podem ajudar a melhorar a resposta à quimioterapia e a ultrapassar a resistência ao tratamento.

Selénio e sensibilização à radiação: A radioterapia é uma modalidade comum de tratamento do cancro. O selénio tem sido investigado pelo seu potencial para aumentar a sensibilidade das células cancerígenas à radioterapia. Pode atuar como sensibilizador de radiações, aumentando a produção de espécies reactivas de oxigénio nas células cancerosas, o que conduz a um aumento dos danos no ADN e à morte celular. A sensibilização à radiação mediada pelo selénio poderia melhorar a eficácia da radioterapia no tratamento do cancro.

É importante notar que, embora a investigação sobre o selénio tenha demonstrado ser promissora em vários aspectos da prevenção e tratamento do cancro, são necessários mais estudos, incluindo ensaios clínicos, para validar estes resultados e determinar as estratégias ideais para a suplementação ou intervenção com selénio nos cuidados oncológicos. É crucial consultar os profissionais de saúde e seguir as orientações baseadas em provas quando se considera a utilização de selénio no contexto da prevenção ou tratamento do cancro.

O selénio e o stress oxidativo: O stress oxidativo é uma condição caracterizada por um desequilíbrio entre a produção de espécies reactivas de oxigénio (ROS) e os mecanismos de defesa antioxidante do organismo. As ROS podem danificar as células e o ADN, contribuindo para o desenvolvimento do cancro. O selénio, enquanto componente das enzimas antioxidantes, ajuda a neutralizar as ERO e a reduzir o stress oxidativo. Ao reduzir os danos oxidativos, o selénio pode ter um efeito protetor contra o início e a progressão do cancro.

Selénio e cancro da próstata: O cancro da próstata é um dos cancros mais comuns nos homens. A investigação sobre o selénio e o cancro da próstata tem mostrado resultados mistos. Alguns estudos sugerem que a toma de suplementos de selénio pode reduzir o risco de cancro da próstata, em particular as formas agressivas da doença. No entanto, ensaios clínicos de grande escala, como o Selenium and Vitamin E Cancer Prevention Trial (SELECT), não encontraram uma redução significativa do risco de cancro da próstata apenas com a suplementação de selénio. É necessária mais investigação para clarificar o papel do selénio na prevenção e tratamento do cancro da próstata.

Selénio e cancro colorrectal: O cancro colorrectal afecta o cólon ou o reto e é influenciado por vários factores genéticos e ambientais. Alguns estudos sugerem que níveis mais elevados de selénio ou a toma de suplementos de selénio podem estar associados a um risco reduzido de cancro colorrectal. As propriedades antioxidantes do selénio e o seu potencial para modular a função imunitária e os mecanismos de reparação do ADN podem contribuir para os seus efeitos protectores. No entanto, as provas não são consistentes e é necessária mais investigação para estabelecer uma relação clara entre o selénio e a redução do risco de cancro colorrectal.

Selénio e cancro do pulmão: O cancro do pulmão é a principal causa de morte relacionada com o cancro em todo o mundo. O selénio tem sido investigado pelo seu potencial para reduzir o risco de cancro do pulmão, particularmente em indivíduos com baixo nível de selénio. Alguns estudos sugeriram que a suplementação com selénio pode ter um efeito protetor, especialmente em populações com baixa ingestão de selénio na dieta.

No entanto, a dosagem ideal, a duração e as populações específicas que podem beneficiar da suplementação com selénio para a prevenção do cancro do pulmão ainda estão a ser exploradas.

Selénio e cancro da bexiga: O cancro da bexiga afecta o revestimento da bexiga e é influenciado por factores genéticos e ambientais, incluindo a exposição a agentes cancerígenos. O selénio tem sido estudado em relação ao risco de cancro da bexiga, com resultados mistos. Alguns estudos sugerem que a toma de suplementos de selénio ou níveis mais elevados de selénio podem estar associados a uma redução do risco de cancro da bexiga. No entanto, são necessários mais estudos para estabelecer uma ligação definitiva entre o selénio e a redução do risco de cancro da bexiga.

Selénio e outros cancros: Para além dos cancros acima mencionados, o selénio tem sido estudado em relação a vários outros tipos de cancro, incluindo o cancro do ovário, o cancro do fígado, o cancro do esófago e o carcinoma das células renais. Os resultados têm sido variáveis e é necessária mais investigação para determinar os potenciais efeitos do selénio nestes cancros específicos.

É importante notar que, embora a investigação sobre o selénio tenha demonstrado potencial na prevenção e tratamento do cancro, as provas ainda não são conclusivas e são necessários mais estudos. A toma de suplementos de selénio deve ser abordada com precaução, uma vez que a ingestão excessiva pode ser prejudicial. Como sempre, é essencial consultar profissionais de saúde e seguir orientações baseadas em provas quando se considera a ingestão de selénio ou as suas potenciais implicações para a prevenção ou tratamento do cancro.

Selénio e cancro da mama: O cancro da mama é um dos cancros mais comuns que afectam as mulheres. A investigação sobre o selénio e o risco de cancro da mama tem mostrado resultados mistos. Alguns estudos sugerem que níveis mais elevados de selénio ou a toma de suplementos de selénio podem estar associados a um risco reduzido de cancro da mama. As propriedades antioxidantes do selénio e o seu potencial para modular o metabolismo dos estrogénios e os mecanismos de reparação do ADN foram propostos como potenciais mecanismos subjacentes aos seus efeitos protectores. No entanto, é necessária mais investigação para estabelecer uma ligação clara entre o selénio e a redução do risco de cancro da mama.

Selénio e cancro do pâncreas: O cancro do pâncreas é um cancro altamente agressivo e frequentemente fatal. Os estudos que investigaram a associação entre o selénio e o risco de cancro do pâncreas produziram resultados contraditórios. Algumas investigações sugerem que níveis mais elevados de selénio ou a toma de suplementos de selénio podem estar associados a uma redução do risco de cancro do pâncreas. As propriedades antioxidantes do selénio e o seu potencial para modular a inflamação e os mecanismos de reparação do ADN foram propostos como potenciais mecanismos para os seus efeitos protectores. No entanto, são necessários mais estudos para estabelecer uma relação definitiva entre o selénio e a redução do risco de cancro do pâncreas.

Selénio e cancro do esófago: O cancro do esófago é um tipo de cancro que afecta o esófago, o tubo muscular que liga a garganta ao estômago. O selénio tem sido estudado em relação ao risco de cancro do esófago, particularmente em populações de alto risco. Alguns estudos sugerem que níveis mais elevados de selénio ou a toma de suplementos de selénio podem estar associados a um risco reduzido de cancro do esófago, especialmente em áreas com níveis baixos de selénio no solo. No entanto, são necessários mais estudos para confirmar estes resultados e compreender melhor os potenciais mecanismos envolvidos.

Selénio e cancro gástrico: O cancro gástrico (do estômago) é a principal causa de morte relacionada com o cancro em todo o mundo. O selénio tem sido investigado pelo seu potencial papel na prevenção do cancro gástrico. Alguns estudos sugerem que níveis mais elevados de selénio ou a toma de suplementos de selénio podem estar associados a uma redução do risco de cancro gástrico. As propriedades antioxidantes do selénio e o seu potencial para modular a inflamação e os mecanismos de reparação do ADN foram propostos como potenciais mecanismos subjacentes aos seus efeitos protectores. No entanto, é necessária mais investigação para estabelecer uma relação clara entre o selénio e a redução do risco de cancro gástrico.

O selénio e a leucemia: A leucemia é um cancro do sangue e da medula óssea. Embora a investigação sobre o selénio em relação à leucemia seja limitada, alguns estudos sugerem que o selénio pode desempenhar um papel na redução do risco de leucemia ou na melhoria dos resultados do tratamento. As propriedades antioxidantes e imunomoduladoras do selénio podem contribuir para os seus potenciais efeitos. No entanto, é necessária mais investigação para explorar os mecanismos específicos e determinar o impacto do selénio em diferentes tipos de leucemia.

É importante notar que, embora a investigação sobre o selénio se tenha mostrado promissora em vários tipos de cancro, as provas ainda não são definitivas e são necessários mais estudos para estabelecer associações claras. A toma de suplementos de selénio deve ser abordada com precaução, uma vez que a ingestão excessiva pode ser prejudicial. Como sempre, é crucial consultar profissionais de saúde e seguir orientações baseadas em provas quando se considera a ingestão de selénio ou as suas potenciais implicações na prevenção ou tratamento do cancro.

Selénio e Prognóstico: Para além do seu potencial papel na prevenção do cancro, o selénio tem sido estudado em relação ao prognóstico do cancro. Alguns estudos sugerem que níveis mais elevados de selénio podem estar associados a melhores resultados em determinados tipos de cancro. Por exemplo, em estudos sobre cancro colorrectal e cancro do pulmão, níveis mais elevados de selénio foram associados a melhores taxas de sobrevivência. No entanto, é necessária mais investigação para compreender plenamente o impacto do selénio no prognóstico do cancro e para identificar os factores específicos que podem influenciar os seus efeitos.

Fontes de selénio: O selénio é um mineral essencial que pode ser obtido através de fontes alimentares ou suplementos. Boas fontes alimentares de selénio incluem castanhas do Brasil, marisco (como peixe, camarão e ostras), aves, ovos, cereais integrais e certos vegetais (como brócolos e cogumelos). O teor de selénio nos alimentos pode variar consoante o solo onde as plantas são cultivadas ou a dieta dos animais. Também estão disponíveis suplementos de selénio, mas é importante utilizá-los com precaução e seguir as orientações de dosagem recomendadas, uma vez que a ingestão excessiva de selénio pode ser tóxica.

Selénio e dose diária recomendada (DDR): A dose diária recomendada (DDR) de selénio varia consoante a idade, o sexo e a fase da vida. A DDR para adultos é normalmente de cerca de 55 microgramas por dia. No entanto, é importante notar que a ingestão ideal de selénio para a prevenção ou tratamento do cancro ainda está a ser investigada, e as doses específicas que podem ser benéficas nestes contextos ainda não foram firmemente estabelecidas.

Estado do selénio e análises: O estado do selénio pode ser avaliado através de análises ao sangue que medem os níveis de selénio no organismo. No entanto, a interpretação destas análises pode ser difícil, uma vez que os níveis de selénio podem variar em função de factores como a ingestão alimentar, a toma de suplementos e a localização geográfica. Além disso, não existe um limiar amplamente aceite para definir a deficiência de selénio ou o estado ideal de selénio no contexto da prevenção ou tratamento do cancro.

O selénio e a medicina personalizada: A relação entre o selénio e o cancro é complexa e pode variar em função de factores individuais como a genética, o estado basal de selénio e o tipo e estádio específicos do cancro. O campo da medicina personalizada tem como objetivo adaptar os tratamentos e intervenções a cada paciente com base nas suas caraterísticas únicas. No contexto do selénio e do cancro, as abordagens personalizadas podem envolver a avaliação do estado de selénio de um indivíduo, variações genéticas nas selenoproteínas e outros factores relevantes para determinar os potenciais benefícios ou riscos da suplementação ou intervenções com selénio.

É importante notar que, embora a investigação sobre o selénio continue a evoluir, as provas ainda não são conclusivas e são necessários mais estudos para estabelecer orientações claras sobre a ingestão de selénio no contexto da prevenção ou tratamento do cancro. Consultar profissionais de saúde e seguir recomendações baseadas em provas é crucial quando se considera a suplementação com selénio ou intervenções relacionadas com o cancro.

Selénio e quimioprevenção: A quimioprevenção refere-se à utilização de substâncias naturais ou sintéticas para prevenir, atrasar ou inverter o desenvolvimento do cancro. O selénio tem sido investigado pelas suas potenciais propriedades quimiopreventivas. Estudos experimentais demonstraram que os compostos de selénio podem inibir o crescimento das células cancerígenas e induzir a morte celular (apoptose) em vários tipos de cancro, incluindo os cancros da mama, do pulmão, colorrectal e da próstata. Estes compostos podem também ter efeitos anti-inflamatórios e imunomoduladores, o que pode contribuir para as suas potenciais acções quimiopreventivas. No entanto, é necessária mais investigação para determinar a dosagem ideal, a duração e as populações específicas que podem beneficiar de estratégias de quimioprevenção baseadas no selénio.

Selénio e reparação do ADN: Os danos no ADN são um acontecimento fundamental no desenvolvimento do cancro. O selénio está envolvido na síntese e na função das selenoproteínas, que desempenham um papel crucial nos mecanismos de reparação do ADN. As selenoproteínas, como as glutationas peroxidases e as tioredoxinas redutases, ajudam a manter a integridade do ADN, removendo as espécies reactivas de oxigénio nocivas (ROS) e reparando as cadeias de ADN danificadas. Ao apoiar os processos de reparação do ADN, o selénio pode ajudar a prevenir a acumulação de mutações no ADN que podem levar à iniciação e progressão do cancro.

Selénio e função imunitária: O sistema imunitário desempenha um papel vital no reconhecimento e eliminação das células cancerígenas. Sabe-se que o selénio modula as respostas imunitárias, influenciando a atividade e a função das células imunitárias, como as células T, as células assassinas naturais (NK) e os macrófagos. O selénio pode aumentar a produção de moléculas de sinalização imunitária (citocinas) e promover a ativação e a proliferação de células imunitárias, melhorando assim potencialmente a capacidade do organismo para detetar e eliminar células cancerígenas. Além disso, as propriedades antioxidantes do selénio podem ajudar a reduzir a inflamação, que está associada a um maior risco de desenvolvimento de cancro.

Selénio e modificações epigenéticas: As modificações epigenéticas referem-se a alterações na expressão genética que não envolvem alterações na própria sequência do ADN. Estas modificações podem influenciar o desenvolvimento e a progressão do cancro. Foi demonstrado que o selénio afecta os processos epigenéticos, como a metilação do ADN e a modificação das histonas, que podem ter impacto nos padrões de expressão dos genes. Ao modular os mecanismos epigenéticos, o selénio pode ajudar a regular a expressão dos genes envolvidos no desenvolvimento do cancro e contribuir potencialmente para os seus efeitos quimiopreventivos.

Compostos de selénio: Várias formas de compostos de selénio têm sido estudadas pelas suas potenciais propriedades anticancerígenas. Por exemplo, a selenometionina e a selenocisteína são formas orgânicas de selénio encontradas em fontes alimentares e são consideradas menos tóxicas em comparação com as formas inorgânicas. Os compostos inorgânicos de selénio, como o selenito e o selenato de sódio, têm sido utilizados em estudos experimentais e ensaios clínicos. Estes compostos podem apresentar efeitos pró-oxidantes em doses mais elevadas, induzindo seletivamente a apoptose nas células cancerígenas e sendo menos nocivos para as células normais. No entanto, a forma e a dosagem ideais dos compostos de selénio para a prevenção e o tratamento do cancro estão ainda a ser investigadas.

É importante notar que, embora a investigação sobre o selénio tenha demonstrado ser promissora em vários aspectos da prevenção e do tratamento do cancro, as provas ainda estão a evoluir e são necessários mais estudos para compreender plenamente os mecanismos e estabelecer orientações claras. A toma de suplementos de selénio deve ser abordada com precaução, uma vez que a ingestão excessiva pode ser prejudicial. Como sempre, é crucial consultar profissionais de saúde e seguir orientações baseadas em provas quando se considera a ingestão de selénio ou as suas potenciais implicações para o cancro

CAPÍTULO 3

O papel do selénio na melhoria da saúde nos países em desenvolvimento populações

O selénio é um mineral essencial que desempenha um papel crucial na saúde humana. Embora os seus benefícios não sejam específicos das populações do terceiro mundo, a deficiência de selénio pode ser mais prevalente em certas regiões com acesso limitado a alimentos ricos em nutrientes. Vamos explorar o papel do selénio na melhoria da saúde, incluindo o seu potencial impacto nas populações do terceiro mundo.

Defesa antioxidante: O selénio é um componente integral de várias enzimas antioxidantes, incluindo glutatião peroxidases e tioredoxina redutases. Estas enzimas ajudam a proteger as células do stress oxidativo e reduzem o risco de doenças crónicas como o cancro, doenças cardíacas e doenças neurodegenerativas.

Função da tiroide: O selénio é necessário para a síntese e o metabolismo das hormonas da tiroide. Em áreas onde a deficiência de iodo é comum, a deficiência de selénio pode exacerbar os efeitos negativos na função da tiroide. A suplementação com selénio pode ajudar a otimizar a produção de hormonas da tiroide e melhorar a saúde geral dos indivíduos afectados por distúrbios de deficiência de iodo.

Apoio ao sistema imunitário: Níveis adequados de selénio são vitais para o bom funcionamento do sistema imunitário. O selénio ajuda a regular as respostas imunitárias, melhora a atividade das células imunitárias e apoia a produção de citocinas, que são importantes moléculas de sinalização envolvidas na função imunitária. Em populações com acesso limitado a cuidados de saúde e elevada suscetibilidade a doenças infecciosas, a manutenção de níveis óptimos de selénio pode contribuir para melhorar as defesas imunitárias.

Prevenção do cancro: O selénio tem sido associado a um risco reduzido de determinados cancros, incluindo os cancros da próstata, do pulmão, colorrectal e da bexiga.

As propriedades antioxidantes do selénio, juntamente com a sua capacidade de regular a síntese e a reparação do ADN, podem contribuir para os seus potenciais efeitos protectores contra o cancro. A implementação de estratégias para combater a deficiência de selénio nas populações do terceiro mundo poderá ter um impacto positivo na redução da incidência do cancro.

Saúde reprodutiva: O selénio é essencial para a função reprodutiva normal, tanto nos homens como nas mulheres. Desempenha um papel na produção e motilidade dos espermatozóides, bem como na proteção dos tecidos reprodutivos contra danos oxidativos. A deficiência de selénio pode contribuir para problemas de fertilidade e complicações durante a gravidez. A melhoria do estado do selénio nas populações do terceiro mundo pode influenciar positivamente os resultados da saúde reprodutiva.

É importante notar que, embora o selénio seja benéfico para a saúde, a sua ingestão excessiva pode ser prejudicial. A suplementação com selénio deve ser feita sob a orientação de profissionais de saúde, tendo em conta as necessidades individuais e os padrões alimentares locais. Além disso, a resolução das deficiências nutricionais gerais nas populações do terceiro mundo requer uma abordagem abrangente, incluindo o acesso a alimentos diversificados e ricos em nutrientes, água potável e melhores infra-estruturas de cuidados de saúde.

Os esforços para melhorar o estado do selénio nas populações do terceiro mundo devem ser integrados em iniciativas mais amplas destinadas a melhorar a nutrição geral, a promover uma agricultura sustentável e a proporcionar o acesso a serviços de saúde essenciais.

Selénio e VIH/SIDA: O VIH/SIDA é um problema de saúde pública significativo em muitos países do terceiro mundo. A deficiência de selénio tem sido associada a um aumento da progressão da doença e da mortalidade em indivíduos que vivem com

VIH/SIDA. Níveis adequados de selénio podem ajudar a apoiar a função imunitária e a reduzir o risco de infecções oportunistas. Por conseguinte, a resolução da deficiência de selénio através da diversificação da dieta ou de suplementos específicos pode ser benéfica para estas populações.

Teor de selénio no solo: Os níveis de selénio no solo variam geograficamente, levando a variações no teor de selénio nas culturas cultivadas em diferentes regiões. Em alguns países do terceiro mundo, o solo pode ser pobre em selénio, resultando numa ingestão inadequada de selénio através dos alimentos produzidos localmente. Isto realça a importância de compreender os níveis regionais de selénio no solo e implementar estratégias como o enriquecimento do solo ou a biofortificação das culturas para melhorar a disponibilidade de selénio nas fontes alimentares.

Saúde materno-infantil: O selénio desempenha um papel crucial na saúde materna e infantil. A deficiência de selénio durante a gravidez pode afetar negativamente o desenvolvimento fetal e aumentar o risco de complicações como a pré-eclampsia, a diabetes gestacional e o baixo peso à nascença. Pode também afetar o desenvolvimento cognitivo das crianças. A promoção da ingestão de selénio através de um regime alimentar equilibrado ou de uma suplementação específica pode contribuir para melhorar os resultados em termos de saúde materna e infantil.

Selénio e doença de Keshan: A doença de Keshan é uma doença cardíaca potencialmente fatal associada à deficiência de selénio e a infecções virais coexistentes. Afecta principalmente crianças e mulheres em idade fértil em certas regiões com solos pobres em selénio. A suplementação com selénio tem sido bem sucedida na prevenção e gestão da doença de Keshan nas populações afectadas, destacando a importância do selénio na mitigação de desafios de saúde específicos.

Intervenções baseadas na comunidade: A implementação de intervenções baseadas na comunidade para melhorar o estado do selénio pode ser eficaz em populações do terceiro mundo. Estas intervenções podem incluir programas de educação e sensibilização sobre fontes alimentares ricas em selénio, promovendo práticas agrícolas sustentáveis que aumentem o teor de selénio no solo e fornecendo suplementos de selénio ou produtos alimentares fortificados a preços acessíveis, quando necessário.

Colaboração e parcerias: A abordagem da deficiência de selénio requer a colaboração de várias partes interessadas, incluindo governos, organizações não governamentais (ONG), prestadores de cuidados de saúde, investigadores e comunidades locais. As parcerias entre estas entidades podem ajudar a desenvolver soluções sustentáveis, integrar as intervenções com selénio nos programas de saúde existentes e garantir o sucesso a longo prazo na melhoria do estado do selénio e da saúde em geral.

É importante reconhecer que a deficiência de selénio é apenas um aspeto dos desafios nutricionais mais amplos enfrentados pelas populações do terceiro mundo. A resolução de outras deficiências de nutrientes, a melhoria do acesso à água potável e ao saneamento e a abordagem dos factores socioeconómicos são componentes cruciais de estratégias abrangentes destinadas a melhorar a saúde e o bem-estar geral destas populações.

Selénio e doença de Kashin-Beck: A doença de Kashin-Beck é uma doença crónica e degenerativa das articulações que prevalece em certas regiões com solos deficientes em selénio, como partes da China, Tibete e Sibéria. A deficiência de selénio, juntamente com outros factores como as deficiências alimentares e a contaminação por micotoxinas, contribui para o

desenvolvimento desta doença. A suplementação com selénio tem demonstrado potencial na prevenção e gestão da doença de Kashin-Beck, realçando a sua importância nas populações afectadas por esta doença.
Interações entre o selénio e os micronutrientes: O selénio interage com outros micronutrientes essenciais, como o iodo e a vitamina E. Em áreas onde coexistem deficiências de múltiplos nutrientes, tratar a deficiência de selénio juntamente com outras deficiências de nutrientes pode ter efeitos sinérgicos na melhoria dos resultados de saúde. Por exemplo, a suplementação de selénio combinada com a suplementação de iodo demonstrou ser mais eficaz na melhoria da função tiroideia do que a suplementação apenas com iodo em populações com carências simultâneas.
Selénio e saúde mental: O selénio tem sido implicado na saúde mental e na função cognitiva. Níveis adequados de selénio são necessários para uma saúde cerebral óptima e podem desempenhar um papel na redução do risco de doenças neurodegenerativas, como as doenças de Alzheimer e de Parkinson. Nas populações do terceiro mundo, onde os recursos de saúde mental podem ser limitados, otimizar a ingestão de selénio através da diversificação da dieta ou da suplementação pode ser uma abordagem valiosa para apoiar o bem-estar mental.
Fontes sustentáveis de selénio: Em regiões onde os alimentos ricos em selénio são escassos ou caros, torna-se crucial identificar fontes sustentáveis de selénio. A promoção do cultivo de culturas ricas em selénio, como a castanha do Brasil, o trigo ou certos vegetais, pode fornecer fontes de selénio acessíveis e económicas. Além disso, o incentivo a práticas de aquacultura sustentáveis que incorporem mariscos ricos em selénio, como o peixe e o marisco, pode ser benéfico nas zonas costeiras.
Monitorização e avaliação: Para garantir o sucesso das intervenções destinadas a melhorar o estado do selénio nas populações do terceiro mundo, são essenciais sistemas robustos de monitorização e avaliação. A avaliação regular dos níveis de selénio na população, o acompanhamento dos resultados de saúde e a identificação de áreas de melhoria podem ajudar a aperfeiçoar as estratégias e a garantir um progresso sustentável ao longo do tempo. A monitorização e a avaliação também facilitam a tomada de decisões baseadas em provas e a afetação de recursos a nível local e nacional.
Reforço das capacidades locais: O desenvolvimento de capacidades locais em investigação, cuidados de saúde e nutrição é crucial para manter os esforços para melhorar a saúde das populações do terceiro mundo. Isto pode envolver a formação de prestadores de cuidados de saúde sobre o papel do selénio na saúde e na nutrição, a realização de investigação sobre o estado do selénio e o

seu impacto em condições de saúde específicas, e a integração de intervenções com selénio nos sistemas de saúde existentes. O reforço das capacidades locais permite que as comunidades se apropriem da sua saúde e bem-estar.

É importante sublinhar que as intervenções com selénio devem ser específicas ao contexto, tendo em conta os padrões alimentares locais, as práticas culturais e as infra-estruturas de saúde existentes. Esforços de colaboração envolvendo comunidades locais, autoridades de saúde, ONGs e organizações internacionais podem ajudar a adaptar as intervenções às necessidades e desafios específicos enfrentados pelas populações do terceiro mundo, promovendo melhorias sustentáveis na saúde e no bem-estar.

Com certeza! Aqui estão mais pormenores sobre o papel do selénio na melhoria da saúde das populações do terceiro mundo:

Selénio e saúde cardiovascular: O selénio está envolvido na manutenção da saúde cardiovascular. Níveis adequados de selénio têm sido associados a um risco reduzido de doenças cardiovasculares, incluindo doenças cardíacas e acidentes vasculares cerebrais. As propriedades antioxidantes do selénio ajudam a proteger contra danos oxidativos no sistema cardiovascular, enquanto os seus efeitos anti-inflamatórios contribuem para a saúde geral do coração. Nas populações do terceiro mundo com acesso limitado aos cuidados de saúde cardiovascular, a otimização da ingestão de selénio pode ser uma abordagem rentável para reduzir o peso das doenças cardiovasculares.

O selénio e a mortalidade infantil: As taxas de mortalidade infantil são frequentemente mais elevadas nas populações do terceiro mundo devido a vários factores, incluindo a subnutrição e as doenças infecciosas. O selénio desempenha um papel vital na saúde infantil, incluindo a função imunitária e o desenvolvimento cerebral. A deficiência de selénio nas mulheres grávidas pode levar a resultados adversos no parto e a um aumento da mortalidade infantil. A promoção de regimes alimentares ricos em selénio para as mulheres grávidas e a garantia de uma ingestão adequada de selénio na primeira infância podem ajudar a reduzir as taxas de mortalidade infantil nestas populações.

Selénio e práticas agrícolas: A agricultura desempenha um papel significativo nos meios de subsistência e na segurança alimentar de muitas populações do terceiro mundo. A implementação de práticas agrícolas sustentáveis que aumentem o teor de selénio no solo pode ter um impacto a longo prazo na melhoria da disponibilidade de selénio na cadeia alimentar. Isto pode ser conseguido através de técnicas de enriquecimento do solo, rotação de culturas e utilização de fertilizantes ricos em selénio. A promoção de práticas agrícolas sustentáveis não só melhora a ingestão de selénio, como também aumenta a produtividade e a resiliência agrícola em geral.

Selénio e desenvolvimento mental: O selénio é essencial para o desenvolvimento e funcionamento ideais do cérebro, especialmente durante a primeira infância. A deficiência de selénio tem sido associada a um desenvolvimento cognitivo deficiente, a dificuldades de aprendizagem e a maus resultados em termos de saúde mental. Nas populações do terceiro mundo, onde o acesso à educação e aos recursos de saúde mental pode ser limitado, garantir uma ingestão adequada de selénio através de diversas fontes alimentares ou de suplementos específicos pode contribuir para melhorar o desenvolvimento mental e o bem-estar, tendo um impacto positivo na qualidade de vida global.

O selénio e os Objectivos de Desenvolvimento Sustentável: Os Objectivos de Desenvolvimento Sustentável (ODS) das Nações Unidas fornecem um quadro para enfrentar os desafios globais, incluindo os enfrentados pelas populações do terceiro mundo. As intervenções com selénio podem contribuir para vários ODS, como o Objetivo 2 (Fome Zero), o Objetivo 3 (Saúde e Bem-estar), o Objetivo 4 (Educação de Qualidade) e o Objetivo 17 (Parcerias para os Objectivos). Ao integrar estratégias centradas no selénio em iniciativas de desenvolvimento mais amplas, os países podem trabalhar para alcançar vários ODS em simultâneo, promovendo um desenvolvimento sustentável e inclusivo.

Investigação e inovação: A investigação e a inovação contínuas no domínio da nutrição com selénio são essenciais para o avanço dos conhecimentos e o desenvolvimento de intervenções eficazes. Isto inclui a exploração de fontes alternativas de selénio, tais como a produção de selénio com base em micróbios ou técnicas de biofortificação, para resolver as deficiências de selénio em locais com recursos limitados. Colaboração entre investigadores, decisores políticos e agências de financiamento pode impulsionar os avanços científicos e facilitar a tradução dos resultados da investigação em soluções práticas para melhorar a saúde das populações do terceiro mundo.

A implementação de abordagens sustentáveis e específicas ao contexto para tratar as deficiências de selénio requer uma abordagem multissectorial e holística. Envolve a colaboração entre governos, organizações internacionais, ONGs, prestadores de cuidados de saúde, comunidades locais e outras partes interessadas. Ao integrar as intervenções sobre o selénio em programas mais amplos de saúde, nutrição e desenvolvimento, podem ser feitos progressos significativos na melhoria da saúde e do bem-estar das populações do terceiro

mundo.
Selénio e saúde gastrointestinal: O selénio desempenha um papel na manutenção da saúde gastrointestinal, protegendo contra os danos oxidativos e a inflamação no aparelho digestivo. Em regiões onde as doenças diarreicas e as infecções gastrointestinais são predominantes, a deficiência de selénio pode enfraquecer as defesas imunitárias do intestino e aumentar a suscetibilidade a infecções. A ingestão adequada de selénio, juntamente com outras medidas como água potável e saneamento, pode ajudar a melhorar os resultados da saúde gastrointestinal nestas populações.
O selénio e a poluição ambiental: As populações do terceiro mundo enfrentam frequentemente desafios relacionados com a poluição ambiental, incluindo a exposição a metais pesados e toxinas. O selénio tem demonstrado efeitos protectores contra alguns metais pesados, como o mercúrio e o arsénio, formando complexos menos tóxicos e reduzindo a sua biodisponibilidade. Em regiões com elevada poluição ambiental, garantir uma ingestão suficiente de selénio pode ajudar a atenuar os efeitos adversos da exposição a metais pesados na saúde.
Selénio e saúde do gado: Em muitos países do terceiro mundo, a criação de gado é uma importante fonte de nutrição e rendimento para as comunidades. A deficiência de selénio no gado pode levar à redução da fertilidade, ao comprometimento da função imunitária e ao aumento da suscetibilidade a doenças. Isto, por sua vez, pode afetar a saúde e o bem-estar das comunidades que dependem do gado. A implementação de programas de suplementação de selénio para o gado pode melhorar a saúde animal, a produtividade e o valor nutricional dos alimentos de origem animal para consumo humano.
O Selénio e os Sistemas Alimentares Sustentáveis: A promoção de sistemas alimentares sustentáveis que incorporem alimentos ricos em selénio pode ter benefícios a longo prazo para as populações do terceiro mundo. Isto pode envolver o apoio a práticas agrícolas locais que dêem prioridade à diversificação de culturas e promovam culturas ricas em selénio. Além disso, a promoção da aquacultura sustentável e a incorporação de marisco rico em selénio nos regimes alimentares podem constituir uma fonte valiosa de nutrição nas zonas costeiras. Os sistemas alimentares sustentáveis aumentam a segurança alimentar, a nutrição e as oportunidades de subsistência ao mesmo tempo que resolvem as deficiências de selénio.
Educação e sensibilização: A sensibilização para a importância do selénio na saúde e na nutrição é crucial para a mudança de comportamentos e para a adoção de intervenções centradas no selénio. Os programas de educação

podem ser dirigidos a prestadores de cuidados de saúde, líderes comunitários e indivíduos de populações do terceiro mundo, fornecendo informações sobre fontes alimentares ricas em selénio, os benefícios de uma ingestão adequada de selénio e os riscos potenciais da deficiência de selénio. Capacitar os indivíduos com conhecimentos pode facilitar a tomada de decisões informadas e promover práticas alimentares sustentáveis.

Parcerias Público-Privadas: A colaboração entre os sectores público e privado pode desempenhar um papel significativo no tratamento das deficiências de selénio nas populações do terceiro mundo. As parcerias com indústrias alimentares, organizações agrícolas e fundações filantrópicas podem ajudar a impulsionar iniciativas relacionadas com a suplementação de selénio, fortificação e práticas agrícolas. As parcerias público-privadas podem alavancar recursos, conhecimentos e redes para implementar soluções escaláveis e sustentáveis para melhorar o estado do selénio nestas populações.

Monitorização e vigilância: O estabelecimento de sistemas robustos de monitorização e vigilância é crucial para acompanhar o progresso, identificar desafios emergentes e avaliar a eficácia das intervenções com selénio. A monitorização regular dos níveis de selénio nas populações, juntamente com indicadores e resultados de saúde, pode informar a tomada de decisões com base em provas e orientar o aperfeiçoamento das intervenções ao longo do tempo. Os esforços de monitorização e vigilância contribuem para a responsabilização e asseguram que os recursos são efetivamente utilizados para melhorar os resultados em termos de saúde.

Ao considerar estes aspectos e implementar estratégias abrangentes, as populações do terceiro mundo podem beneficiar de um melhor estado de selénio, conduzindo a uma melhor saúde geral, a uma redução da carga de doença e a um maior bem-estar. É importante adaptar as intervenções às necessidades específicas, aos contextos culturais e aos recursos disponíveis em cada população, garantindo a sustentabilidade e o impacto a longo prazo.

Selénio e função imunitária: O selénio é crucial para o funcionamento adequado do sistema imunitário. Ajuda a apoiar a produção e a atividade das células imunitárias, melhora a resposta imunitária e desempenha um papel na regulação da inflamação. Nas populações do terceiro mundo, onde as doenças infecciosas são prevalecentes, garantir uma ingestão adequada de selénio pode reforçar as defesas imunitárias e reduzir o risco de infecções. Isto é particularmente importante em populações vulneráveis, como crianças, mulheres grávidas e indivíduos com sistemas imunitários comprometidos.

Selénio e prevenção do cancro: O selénio tem sido estudado pelo seu potencial papel na prevenção do cancro. A ingestão adequada de selénio está associada a um risco reduzido de determinados cancros, incluindo os cancros da próstata, do pulmão, colorrectal e da bexiga. As propriedades antioxidantes do selénio, juntamente com a sua capacidade de apoiar a reparação do ADN e inibir o crescimento tumoral, contribuem para os seus potenciais efeitos anticancerígenos. A promoção de dietas ricas em selénio ou de estratégias de suplementação específicas pode ajudar a reduzir o peso do cancro nas populações do terceiro mundo.

Selénio e saúde materna: O selénio desempenha um papel crucial na saúde e no bem-estar materno. A deficiência de selénio durante a gravidez pode aumentar o risco de complicações como a pré-eclâmpsia, a diabetes gestacional e o parto prematuro. Pode também afetar o desenvolvimento do feto e contribuir para problemas de saúde a longo prazo. Garantir uma ingestão adequada de selénio através de diversas fontes alimentares ou de suplementos específicos pode apoiar a saúde materna, melhorar os resultados do parto e contribuir para o bem-estar geral da mãe e do filho.

O Selénio e a Produtividade Agrícola: A deficiência de selénio não só afecta a saúde humana como também tem impacto na produtividade agrícola. Em regiões com solos deficientes em selénio, o rendimento das culturas pode ser significativamente reduzido, levando à insegurança alimentar e a desafios económicos. A implementação de práticas agrícolas que combatam a deficiência de selénio, como o enriquecimento do solo, a rotação de culturas e a biofortificação, pode aumentar a produtividade das culturas, melhorar a disponibilidade de alimentos e apoiar os meios de subsistência das comunidades agrícolas nas populações do terceiro mundo.

Selénio e qualidade da água: O selénio pode estar presente em fontes de água, e níveis excessivos de selénio podem ter efeitos prejudiciais para a saúde humana. Em regiões onde a contaminação da água com selénio é uma preocupação, é crucial implementar métodos de tratamento da água para remover ou reduzir os níveis de selénio. Isto assegura o acesso a água potável segura e reduz o risco de toxicidade do selénio, que pode levar à selenose - uma doença caracterizada por perda de cabelo, lesões cutâneas e sintomas neurológicos.

Capacitação e envolvimento da comunidade: Capacitar as comunidades locais e envolvê-las na conceção e implementação de intervenções centradas no selénio é fundamental para o seu sucesso e sustentabilidade. Isto pode envolver abordagens participativas, programas de educação comunitária e o envolvimento de líderes e organizações comunitárias. Ao incluir as perspectivas e os conhecimentos das populações afectadas, as intervenções podem ser mais bem adaptadas às suas necessidades específicas, práticas culturais e disponibilidade de recursos, conduzindo, em última análise, a uma maior aceitação e adesão.

Apoio e defesa de políticas: O desenvolvimento de políticas de apoio e a defesa de uma maior atenção à deficiência de selénio são essenciais para abordar os desafios de saúde enfrentados pelas populações do terceiro mundo. Governos, organizações internacionais e grupos de defesa podem desempenhar um papel crucial na conscientização, mobilização de recursos e integração de intervenções com selênio em programas nacionais de saúde e nutrição. O apoio político garante que as iniciativas focadas no selénio recebam a atenção, o financiamento e a coordenação necessários para causar um impacto significativo.

Ao abordar estes vários aspectos, as populações do terceiro mundo podem beneficiar de um melhor estado de selénio e dos resultados positivos associados à saúde. É importante abordar as intervenções sobre o selénio de forma abrangente, considerando a interligação entre a saúde, a agricultura, o ambiente e o envolvimento da comunidade para garantir melhorias sustentáveis no bem-estar.

Selénio e saúde mental: O selénio não é apenas importante para a saúde física, mas também desempenha um papel na saúde mental e no bem-estar. Níveis adequados de selénio têm sido associados a um risco reduzido de depressão, ansiedade e declínio cognitivo. Nas populações do terceiro mundo, onde os recursos em matéria de saúde mental podem ser limitados, a promoção de dietas ricas em selénio ou a toma de suplementos específicos podem ajudar a otimizar os resultados em matéria de saúde mental e a melhorar a qualidade de vida em geral.

Selénio e cicatrização de feridas: O selénio está envolvido no processo de cicatrização de feridas e reparação de tecidos. Apoia a produção de colagénio e de outras proteínas essenciais para a cicatrização de feridas e a regeneração dos tecidos. Em locais com recursos limitados, onde o acesso aos cuidados de saúde e a um tratamento adequado das feridas pode ser limitado, garantir uma ingestão suficiente de selénio pode contribuir para melhorar os resultados da cicatrização das feridas e reduzir o risco de complicações.

Selénio e VIH/SIDA: O selénio desempenha um papel na função imunitária, o que o torna particularmente relevante nas populações afectadas pelo VIH/SIDA.

A deficiência de selénio tem sido associada a uma progressão mais rápida da doença e a um aumento da mortalidade em indivíduos com VIH/SIDA. A suplementação com selénio, juntamente com a terapia antirretroviral, tem mostrado potenciais benefícios na melhoria da resposta imunitária e na redução das complicações relacionadas com o VIH. Nas populações do terceiro mundo com elevada prevalência de VIH/SIDA, a integração de intervenções com selénio nos programas de tratamento e cuidados do VIH/SIDA pode ajudar a melhorar os resultados em termos de saúde.

O selénio e o desenvolvimento das crianças: O selénio é crucial para o crescimento e desenvolvimento das crianças. Apoia a formação óssea adequada, a função imunitária e o desenvolvimento cognitivo. A carência de selénio na primeira infância pode levar a um crescimento atrofiado, a capacidades cognitivas diminuídas e a uma maior suscetibilidade a infecções. A implementação de intervenções centradas no selénio, tais como a promoção do aleitamento materno, a educação nutricional e a suplementação específica, pode contribuir para um crescimento e desenvolvimento óptimos das crianças nas populações do terceiro mundo.

O selénio e a igualdade de género: A resolução das deficiências de selénio pode ter um impacto positivo na igualdade de género nas populações do terceiro mundo. As mulheres e as raparigas enfrentam frequentemente uma maior vulnerabilidade à subnutrição e às consequências para a saúde que lhe estão associadas devido a factores culturais, socioeconómicos e biológicos. A promoção de dietas ricas em selénio e de intervenções orientadas para as necessidades nutricionais específicas das mulheres pode ajudar a reduzir as disparidades de género nos resultados de saúde e contribuir para alcançar os objectivos de igualdade de género.

Investigação e desenvolvimento de capacidades: O desenvolvimento da capacidade de investigação e a produção de provas locais são cruciais para enfrentar os desafios de saúde relacionados com o selénio nas populações do terceiro mundo. Incentivar as instituições de investigação, as universidades e os cientistas locais a realizarem estudos sobre a nutrição com selénio, os resultados para a saúde e as intervenções eficazes pode fornecer informações valiosas para a elaboração de políticas e a implementação de programas. As iniciativas de reforço das capacidades, como a formação de investigadores e de prestadores de cuidados de saúde, podem reforçar os conhecimentos locais e capacitar as comunidades para resolverem eficazmente as deficiências de selénio.

Apoio e financiamento internacional: O apoio e o financiamento internacionais são vitais para a implementação de intervenções centradas no selénio em populações do terceiro mundo. A colaboração entre governos, organizações internacionais e agências doadoras pode fornecer os recursos financeiros necessários, conhecimentos técnicos e apoio logístico para ampliar as intervenções. Ao dar prioridade ao selénio como uma questão de saúde global, os esforços internacionais podem ajudar a garantir que nenhuma população seja deixada para trás na luta contra as deficiências de selénio.

É importante notar que, embora o selénio seja essencial para a saúde, a sua ingestão excessiva pode ser prejudicial. Equilibrar a ingestão de selénio para atingir os níveis recomendados é crucial para evitar tanto a deficiência como a toxicidade. Adaptar as intervenções às necessidades específicas, às práticas culturais e aos recursos disponíveis em cada população é fundamental para promover melhorias sustentáveis na saúde e no bem-estar.

Selénio e saúde cardiovascular: O selénio desempenha um papel na manutenção da saúde cardiovascular, protegendo contra o stress oxidativo, a inflamação e a coagulação sanguínea. A ingestão adequada de selénio tem sido associada a um risco reduzido de doenças cardiovasculares, como as doenças cardíacas e os acidentes vasculares cerebrais. Nas regiões onde estas doenças são prevalecentes, a resolução das deficiências de selénio através da diversificação da dieta ou de suplementos específicos pode contribuir para melhores resultados em termos de saúde cardiovascular.

Selénio e saúde ocular: O selénio é importante para manter uma óptima saúde ocular. Tem propriedades antioxidantes que ajudam a proteger os olhos dos danos oxidativos, que estão associados à degenerescência macular relacionada com a idade e a outras doenças oculares. Nas populações do terceiro mundo, onde o acesso a cuidados e tratamentos oftalmológicos pode ser limitado, garantir uma ingestão suficiente de selénio pode apoiar a saúde ocular e reduzir o risco de deficiência visual.

O selénio e o envelhecimento: O selénio tem sido estudado pelo seu potencial papel no envelhecimento saudável e na longevidade. Está envolvido nos mecanismos de reparação do ADN e na proteção das células contra os danos oxidativos, ambos factores importantes no processo de envelhecimento. A ingestão adequada de selénio tem sido associada a uma maior longevidade e a um menor risco de doenças relacionadas com a idade. A promoção de dietas ricas em selénio ou a toma de suplementos específicos nas populações do terceiro mundo pode contribuir para um envelhecimento saudável e para uma melhor qualidade de vida dos indivíduos idosos.

Selénio e doenças endémicas: A carência de selénio pode contribuir para a gravidade de certas doenças endémicas. Por exemplo, em regiões onde a deficiência de iodo é prevalecente, a deficiência de selénio pode exacerbar os efeitos adversos das doenças por deficiência de iodo, como o bócio e o cretinismo. A resolução das deficiências de selénio, juntamente com as deficiências de outros nutrientes, pode ajudar a atenuar o impacto das doenças endémicas e a melhorar os resultados globais de saúde das populações afectadas.

Selénio e produção de energia: O selénio está envolvido na produção de energia e no metabolismo. É um componente das selenoproteínas, que têm várias funções no organismo, incluindo a regulação da energia. Nas populações do terceiro mundo, onde a desnutrição e as deficiências energéticas são comuns, garantir uma ingestão suficiente de selénio pode apoiar um metabolismo energético ótimo e uma vitalidade geral.

Selénio e saúde no trabalho: Certas profissões nas populações do terceiro mundo podem envolver a exposição a substâncias nocivas ou exigências físicas acrescidas, levando a maiores necessidades de nutrientes. O selénio desempenha um papel na proteção contra os efeitos tóxicos dos metais pesados, como o chumbo e o cádmio. A implementação de intervenções no local de trabalho que abordem as deficiências de selénio, como o fornecimento de refeições ricas em selénio ou a suplementação específica para trabalhadores em profissões de alto risco, pode ajudar a proteger a sua saúde e bem-estar.

Intervenções sustentáveis no domínio do selénio: A implementação de intervenções sustentáveis para combater as deficiências de selénio exige uma abordagem multissectorial. Isto inclui a colaboração entre os sectores da saúde, agricultura, educação e agências ambientais. Ao integrar iniciativas focadas no selénio em programas de desenvolvimento mais amplos, tais como programas de nutrição, práticas agrícolas e esforços de conservação ambiental, podem ser alcançadas melhorias a longo prazo no estado do selénio, levando a melhores resultados de saúde nas populações do terceiro mundo.

É importante notar que as estratégias e abordagens específicas para tratar as deficiências de selénio podem variar em função do contexto local, dos recursos disponíveis e das práticas culturais. Adaptar as intervenções às necessidades específicas de cada população e assegurar o envolvimento das comunidades locais é essencial para o seu sucesso e sustentabilidade.

Selénio e saúde reprodutiva: O selénio é importante para a saúde reprodutiva masculina e feminina. Nos homens, desempenha um papel na produção e qualidade dos espermatozóides, enquanto nas mulheres contribui para o funcionamento normal dos ovários e apoia a fertilidade. A deficiência de selénio pode levar a complicações reprodutivas, como a infertilidade ou resultados reprodutivos abaixo do ideal. A resolução das deficiências de selénio através de intervenções dietéticas ou de suplementos específicos pode ajudar a melhorar a saúde reprodutiva das populações do terceiro mundo.

Selénio e saúde neurológica: O selénio está envolvido na saúde e função neurológica. Desempenha um papel na proteção das células nervosas contra danos oxidativos e apoia o funcionamento normal do sistema nervoso. A deficiência de selénio tem sido associada a distúrbios neurológicos, como o declínio cognitivo, a doença de Alzheimer e a doença de Parkinson. A promoção de dietas ricas em selénio ou a toma de suplementos específicos pode ajudar a manter uma saúde neurológica óptima nas populações do terceiro mundo.

Selénio e contaminação ambiental: O selénio pode ser encontrado em certas formações geológicas e pode contaminar o ambiente, particularmente através de actividades mineiras e industriais. Em regiões onde a contaminação ambiental com selénio é uma preocupação, é importante implementar medidas para mitigar a exposição e proteger a saúde das populações locais. Isto pode envolver a monitorização da qualidade da água e do solo, a implementação de estratégias de remediação e o fornecimento de educação e recursos para minimizar o impacto da contaminação por selénio na saúde humana.

Interações entre o selénio e os nutrientes: O selénio interage com outros nutrientes e as deficiências de um nutriente podem afetar a utilização ou o metabolismo do selénio. Por exemplo, as deficiências de vitaminas E e C, bem como de outros minerais como o zinco e o cobre, podem prejudicar o metabolismo do selénio e as suas funções antioxidantes. Por conseguinte, a resolução das deficiências gerais de nutrientes e a promoção de uma dieta equilibrada que inclua uma variedade de alimentos ricos em nutrientes pode otimizar a utilização do selénio e melhorar os resultados de saúde nas populações do terceiro mundo.

Selénio e fortificação de alimentos: Os programas de fortificação de alimentos podem ser uma estratégia eficaz para resolver as deficiências de selénio em populações onde o acesso a diversas fontes alimentares pode ser limitado. A adição de selénio a alimentos básicos, como cereais ou óleo alimentar, pode ajudar a aumentar a ingestão de selénio e melhorar o estado de selénio de toda a população. No entanto, é necessária uma monitorização cuidadosa para garantir a dosagem adequada e evitar a ingestão excessiva de selénio, uma vez que a fortificação deve ser equilibrada para evitar potenciais toxicidades.

Selénio e saneamento da água: Em regiões onde o acesso a água potável é limitado, a ingestão de selénio pode ser afetada pela qualidade da água. A implementação de métodos de saneamento e purificação da água pode ajudar a reduzir o risco de contaminação por selénio nas fontes de água potável. Isto é particularmente importante para prevenir tanto a deficiência como a toxicidade, uma vez que níveis excessivos de selénio na água podem ter efeitos adversos para a saúde.

Investigação e inovação: A investigação e a inovação contínuas no domínio da nutrição com selénio são essenciais para compreender melhor o seu papel na saúde e desenvolver intervenções eficazes. Isto inclui a exploração de novas abordagens à suplementação com selénio, a identificação de grupos populacionais específicos que possam beneficiar de intervenções específicas e o estudo dos resultados de saúde a longo prazo associados às intervenções com selénio nas populações do terceiro mundo.

Ao abordar estes vários aspectos, promovendo dietas ricas em selénio e implementando intervenções específicas, as populações do terceiro mundo podem experimentar melhores resultados de saúde e uma carga reduzida de problemas de saúde relacionados com o selénio. É crucial abordar as intervenções com selénio de forma holística, considerando a interação entre nutrição, ambiente, factores socioeconómicos e práticas culturais para garantir melhorias sustentáveis na saúde e no bem-estar.

Selénio e prevenção do cancro: O selénio tem sido estudado pelo seu potencial papel na prevenção do cancro. Actua como um antioxidante e ajuda a proteger as células dos danos no ADN, que podem contribuir para o desenvolvimento do cancro. A ingestão adequada de selénio tem sido associada a um risco reduzido de certos tipos de cancro, incluindo o cancro da próstata, do pulmão, colorrectal e da bexiga. A implementação de intervenções centradas no selénio, como a promoção de alimentos ricos em selénio e a toma de suplementos específicos, pode ajudar a reduzir o peso do cancro nas populações do terceiro mundo.

Selénio e função imunitária: O selénio é essencial para uma função imunitária adequada. Apoia a atividade das células imunitárias e ajuda a regular as respostas imunitárias. A deficiência de selénio pode prejudicar a função imunitária e aumentar a suscetibilidade a infecções. Nas populações do terceiro mundo, onde as doenças infecciosas são prevalecentes, a resolução das deficiências de selénio através de intervenções dietéticas ou de suplementos específicos pode reforçar o sistema imunitário e reduzir o risco de doença.

Selénio e saúde materna: O selénio é importante para a saúde materna durante a gravidez. Desempenha um papel no crescimento e desenvolvimento fetal e a deficiência de selénio durante a gravidez pode aumentar o risco de complicações, como a pré-eclampsia e o baixo peso à nascença. A promoção de dietas ricas em selénio e o fornecimento de suplementos específicos a mulheres grávidas em populações do terceiro mundo podem contribuir para melhores resultados em termos de saúde materna e neonatal.

Selénio e qualidade da água: Os níveis de selénio nas fontes de água podem variar e, em algumas regiões, a água pode ser naturalmente rica em selénio, levando a uma potencial toxicidade. A monitorização e a gestão dos níveis de selénio nas fontes de água são cruciais para evitar riscos para a saúde associados à ingestão excessiva. Em áreas onde estão presentes níveis elevados de selénio na água, a implementação de métodos de tratamento da água ou a utilização de fontes de água alternativas pode ajudar a mitigar os riscos e garantir um consumo de água seguro.

O selénio e as práticas agrícolas: Os níveis de selénio nas culturas alimentares dependem do teor de selénio do solo. Em regiões onde os níveis de selénio no solo são baixos, a implementação de práticas agrícolas como a fertilização com selénio ou a rotação de culturas pode ajudar a aumentar os níveis de selénio nas culturas alimentares. Isto pode melhorar o estado geral de selénio da população e aumentar o valor nutricional dos alimentos produzidos localmente.

O selénio e a educação comunitária: Os programas educativos e as iniciativas de sensibilização da comunidade são essenciais para aumentar a consciencialização sobre a importância do selénio na saúde e promover a mudança de comportamentos. Fornecer informações sobre fontes alimentares ricas em selénio, diversificação da dieta e os benefícios da suplementação específica pode capacitar os indivíduos e as comunidades a tomar decisões informadas sobre a sua saúde e nutrição.

Monitorização e avaliação: O estabelecimento de sistemas de monitorização e avaliação é crucial para avaliar a eficácia e o impacto das intervenções centradas no selénio. A avaliação regular do estado do selénio, dos resultados de saúde e da implementação das intervenções pode ajudar a identificar áreas de melhoria e garantir que os esforços estão alinhados com as necessidades específicas da população.

Ao abordar estes vários aspectos e ao implementar intervenções abrangentes sobre o selénio, as populações do terceiro mundo podem obter melhores resultados em termos de saúde, reduzir o peso das doenças e melhorar o bem-estar geral. É importante enfatizar a colaboração entre os prestadores de cuidados de saúde, os decisores políticos, os líderes comunitários e as organizações internacionais para implementar abordagens sustentáveis e específicas ao contexto que respondam aos desafios únicos de cada população.

Selénio e saúde mental: O selénio tem sido associado à saúde mental e à função cognitiva. Níveis adequados de selénio são importantes para manter uma saúde cerebral e um desempenho cognitivo óptimos. A deficiência de selénio tem sido associada a perturbações do humor, como a depressão e a ansiedade, bem como ao declínio cognitivo. Garantir uma ingestão suficiente de selénio através de estratégias dietéticas ou de suplementos específicos pode apoiar o bem-estar mental e a função cognitiva nas populações do terceiro mundo.

Selénio e desenvolvimento infantil: O selénio desempenha um papel fundamental no crescimento e desenvolvimento das crianças. Está envolvido em vários processos fisiológicos, incluindo a formação óssea, a função imunitária e o desenvolvimento neurológico. A deficiência de selénio durante a primeira infância pode prejudicar o crescimento, comprometer as respostas imunitárias e afetar o desenvolvimento cognitivo. A implementação de intervenções centradas no selénio, como a promoção do aleitamento materno, o fornecimento de alimentos complementares ricos em selénio e a suplementação específica, pode apoiar o crescimento e o desenvolvimento saudáveis das crianças nas populações do terceiro mundo.

Selénio e VIH/SIDA: O selénio tem sido estudado pelos seus potenciais benefícios em indivíduos que vivem com VIH/SIDA. A deficiência de selénio é comum em indivíduos seropositivos e tem sido associada à progressão da doença, ao enfraquecimento da função imunitária e ao aumento do risco de infecções oportunistas. O tratamento das deficiências de selénio através de uma suplementação específica pode ajudar a apoiar a função imunitária, reduzir o risco de complicações e melhorar o bem-estar geral dos indivíduos que vivem com VIH/SIDA em populações do terceiro mundo.

Selénio e anemia: O selénio está envolvido na produção e no metabolismo dos glóbulos vermelhos. A carência de selénio pode contribuir para a anemia, uma doença caracterizada por níveis baixos de hemoglobina ou uma contagem reduzida de glóbulos vermelhos. A anemia é predominante em muitas populações do terceiro mundo, muitas vezes devido a deficiências de múltiplos nutrientes. Resolver as deficiências de selénio juntamente com outros nutrientes essenciais, como o ferro e a vitamina B12, pode ajudar a combater a anemia e a melhorar a saúde geral do sangue.

Selénio e sustentabilidade ambiental: O selénio não é apenas importante para a saúde humana, mas também desempenha um papel na sustentabilidade ambiental. É um micronutriente vital para as plantas e está envolvido no seu crescimento e desenvolvimento. Os solos ricos em selénio apoiam o crescimento saudável das culturas e podem contribuir para uma agricultura sustentável. A implementação de práticas agrícolas que optimizem os níveis de selénio nos solos, como a rotação de culturas, a fertilização orgânica ou a biofortificação com selénio, pode beneficiar tanto a saúde humana como a sustentabilidade ambiental nas populações do terceiro mundo.

O Selénio e a Segurança Alimentar: A promoção de fontes alimentares ricas em selénio pode contribuir para melhorar a segurança alimentar das populações do terceiro mundo. Incentivar o cultivo de culturas ricas em selénio, promover práticas agrícolas sustentáveis e incorporar alimentos ricos em selénio nas dietas locais pode aumentar o valor nutricional das fontes alimentares disponíveis. Isto pode resolver tanto as deficiências de selénio como as deficiências de nutrientes em geral, melhorando a segurança alimentar global e os resultados nutricionais.

Colaboração e parcerias: A abordagem das deficiências de selénio e a melhoria dos resultados de saúde nas populações do terceiro mundo requerem a colaboração e parcerias entre várias partes interessadas. Isto inclui governos, organizações não governamentais, prestadores de cuidados de saúde, instituições de investigação e organizações internacionais. Trabalhando em conjunto, partilhando conhecimentos e recursos e tirando partido da experiência, podem ser desenvolvidas e implementadas eficazmente soluções abrangentes e sustentáveis.

É importante adaptar as intervenções ao contexto específico, tendo em conta as práticas culturais, as preferências alimentares e a viabilidade da implementação. Ao promover estratégias centradas no selénio, juntamente com iniciativas mais amplas de cuidados de saúde, nutrição e desenvolvimento, as populações do terceiro mundo podem experimentar uma melhor saúde, bem-estar e desenvolvimento sustentável.

Selénio e saúde cardiovascular: O selénio é importante para a saúde cardiovascular. Ajuda a proteger contra o stress oxidativo e a inflamação, que são os principais contribuintes para as doenças cardiovasculares, como as doenças cardíacas e os acidentes vasculares cerebrais. A deficiência de selénio tem sido associada a um risco acrescido de complicações cardiovasculares. A implementação de intervenções que abordem as deficiências de selénio, como a promoção de dietas ricas em selénio e a toma de suplementos específicos, pode ajudar a reduzir o peso das doenças cardiovasculares nas populações do terceiro mundo.

Selénio e função tiroideia: O selénio desempenha um papel crucial no metabolismo das hormonas da tiroide. É necessário para a produção e conversão das hormonas da tiroide, que regulam várias funções corporais, incluindo o metabolismo, o crescimento e o desenvolvimento. A deficiência

de selénio pode levar a disfunções da tiroide, como o hipotiroidismo ou o bócio. Tendo em conta a prevalência de distúrbios da tiroide em certas populações do terceiro mundo, garantir uma ingestão adequada de selénio é essencial para manter uma função óptima da tiroide.
Selénio e cicatrização de feridas: O selénio está envolvido no processo de cicatrização de feridas. Contribui para a reparação dos tecidos e desempenha um papel na síntese de colagénio, uma proteína importante para a cicatrização de feridas. A deficiência de selénio pode prejudicar a cicatrização de feridas e atrasar o processo de recuperação. A resolução das deficiências de selénio através de intervenções dietéticas ou de suplementos específicos pode apoiar a cicatrização adequada das feridas e reduzir o risco de complicações nas populações do terceiro mundo.
Selénio e diabetes: O selénio tem sido estudado pelo seu potencial papel no controlo da diabetes. Tem propriedades antioxidantes que podem ajudar a reduzir o stress oxidativo e a inflamação associados à diabetes. A suplementação com selénio tem mostrado efeitos promissores na melhoria do controlo do açúcar no sangue e na redução das complicações relacionadas com a diabetes. A implementação de intervenções centradas no selénio como parte de estratégias abrangentes de gestão da diabetes pode ser benéfica para os indivíduos com diabetes em populações do terceiro mundo.
Selénio e remediação ambiental: A contaminação do ambiente com selénio, particularmente através de actividades mineiras e industriais, pode representar riscos para a saúde das populações locais. A implementação de medidas de remediação ambiental, como a descontaminação do solo e da água, pode ajudar a mitigar os efeitos adversos da contaminação por selénio na saúde humana. É importante abordar os factores ambientais juntamente com as intervenções nutricionais para garantir melhorias sustentáveis nos resultados de saúde.
O selénio e os Objectivos de Desenvolvimento Sustentável (ODS): O papel do selénio na melhoria da saúde alinha-se com vários dos Objectivos de Desenvolvimento Sustentável das Nações Unidas. Estes incluem o ODS 2 (Fome Zero), o ODS 3 (Saúde e Bem-estar) e o ODS 17 (Parcerias para os Objectivos). Ao abordar as deficiências de selénio e promover o seu papel na saúde, as populações do terceiro mundo podem fazer progressos no sentido de alcançar estes objectivos e contribuir para o desenvolvimento sustentável global.
Investigação e partilha de conhecimentos: A investigação contínua e a partilha de conhecimentos são cruciais para o avanço da nossa compreensão do papel do selénio na saúde e para o desenvolvimento de intervenções

eficazes. Isto inclui a realização de estudos sobre o estado do selénio e os resultados de saúde em populações específicas, explorando abordagens inovadoras à suplementação com selénio e divulgando os resultados da investigação para informar políticas e intervenções.

Ao ter em conta estes aspectos e ao implementar intervenções abrangentes centradas no selénio, as populações do terceiro mundo podem obter melhores resultados em termos de saúde, reduzir o peso das doenças e aumentar o bem-estar geral. É importante adaptar as intervenções às necessidades e desafios específicos de cada população, tendo em conta factores como as práticas culturais, as condições socioeconómicas e a disponibilidade de recursos.

O selénio e o envelhecimento: O selénio tem sido estudado pelo seu potencial papel no envelhecimento saudável. À medida que os indivíduos envelhecem, o stress oxidativo e a inflamação aumentam, conduzindo a doenças relacionadas com a idade. As propriedades antioxidantes do selénio podem ajudar a contrariar estes processos e proteger contra doenças relacionadas com a idade, como o declínio cognitivo, doenças cardiovasculares e certos tipos de cancro. A ingestão adequada de selénio, juntamente com um estilo de vida saudável, pode apoiar o envelhecimento saudável nas populações do terceiro mundo.

O selénio e a poluição ambiental: O selénio pode ser tanto benéfico como prejudicial, dependendo da sua concentração. Embora a deficiência de selénio seja uma preocupação, a ingestão excessiva de selénio pode levar à toxicidade. Em algumas áreas, a poluição ambiental pode resultar em níveis elevados de selénio no solo, na água e nas fontes alimentares. É crucial monitorizar e gerir os níveis de selénio no ambiente para evitar os efeitos adversos para a saúde, tanto da deficiência como da toxicidade.

Selénio e saúde reprodutiva: O selénio é importante para a saúde reprodutiva de homens e mulheres. Desempenha um papel no desenvolvimento dos espermatozóides, na ovulação e na produção de óvulos saudáveis. A deficiência de selénio pode contribuir para a infertilidade, abortos espontâneos e complicações durante a gravidez. A promoção de dietas ricas em selénio, a toma de suplementos específicos e os cuidados pré-concepcionais podem apoiar a saúde reprodutiva e melhorar os resultados nas populações do terceiro mundo.

Interações entre o selénio e os nutrientes: O selénio interage com outros nutrientes e as deficiências de um nutriente podem afetar o metabolismo do selénio e vice-versa. Por exemplo, a deficiência de selénio pode prejudicar a conversão da hormona tiroideia inativa (T4) em hormona tiroideia ativa (T3), exacerbando os distúrbios por deficiência de iodo. Tendo em conta as interações entre o selénio e outros nutrientes, o tratamento simultâneo de deficiências de múltiplos nutrientes pode ter efeitos sinérgicos nos resultados de saúde.

Selénio e desenvolvimento mental: O selénio é essencial para o desenvolvimento adequado do cérebro, especialmente durante a primeira infância. Uma ingestão adequada de selénio apoia a função cognitiva, a aprendizagem e a memória. A deficiência de selénio durante períodos críticos do desenvolvimento do cérebro pode ter efeitos duradouros nas capacidades cognitivas. As iniciativas que se centram no fornecimento de selénio suficiente durante a gravidez e a primeira infância podem promover um desenvolvimento mental ótimo nas populações do terceiro mundo.

Selénio e agricultura sustentável: O selénio desempenha um papel importante nas práticas agrícolas sustentáveis. Pode contribuir para a fertilidade do solo, a produtividade das culturas e a resistência a factores de stress ambiental. A implementação de técnicas agrícolas sustentáveis, como a rotação de culturas, a fertilização orgânica e a agricultura de precisão, pode ajudar a manter níveis adequados de selénio nos solos e promover a produção sustentável de alimentos para as populações do terceiro mundo.

Selénio e equidade na saúde: A resolução das deficiências de selénio e a melhoria dos resultados de saúde nas populações do terceiro mundo estão alinhadas com o objetivo da equidade na saúde. Ao garantir o acesso a alimentos ricos em selénio, a suplementos a preços acessíveis e a serviços de saúde adequados, podem ser alcançados resultados de saúde equitativos em diferentes grupos socioeconómicos e regiões geográficas.

Reforço das capacidades e capacitação: O desenvolvimento da capacidade local e a capacitação das comunidades são essenciais para melhorias sustentáveis na saúde. Isto pode ser conseguido através da formação de prestadores de cuidados de saúde, educando as comunidades locais sobre a importância do selénio e envolvendo-as nos processos de tomada de decisão. Ao capacitar os indivíduos e as comunidades, estes tornam-se participantes activos na melhoria da sua própria saúde e bem-estar.

Ao ter em conta estes aspectos e ao implementar intervenções abrangentes centradas no selénio, as populações do terceiro mundo podem obter melhores resultados em termos de saúde, reduzir o peso das doenças e melhorar o bem-estar geral. É importante continuar a investigação, a colaboração e a partilha de conhecimentos para melhorar a nossa compreensão do papel do selénio na saúde e desenvolver estratégias eficazes de implementação.

Selénio e prevenção do cancro: O selénio tem sido estudado pelo seu potencial papel na prevenção do cancro. Actua como um antioxidante e está envolvido na reparação do ADN e na regulação do crescimento celular, que são processos importantes para a prevenção do cancro. A ingestão adequada de selénio tem sido associada a um risco reduzido de certos tipos de cancro, incluindo o cancro da próstata, colorrectal, do pulmão e da bexiga. A implementação de intervenções centradas no selénio pode contribuir para as estratégias de prevenção do cancro nas populações do terceiro mundo.

Selénio e função imunitária: O selénio desempenha um papel vital na função imunitária. Ajuda a regular a atividade das células imunitárias, apoia a produção de anticorpos e melhora a resposta do organismo a infecções e doenças. A deficiência de selénio pode enfraquecer o sistema imunitário, tornando os indivíduos mais susceptíveis a infecções e prejudicando a sua capacidade de combater doenças. A resolução das deficiências de selénio pode ajudar a reforçar o sistema imunitário e a melhorar a saúde geral das populações do terceiro mundo.

O selénio e os factores ambientais: Os factores ambientais podem influenciar a disponibilidade e a ingestão de selénio. Algumas regiões podem ter níveis naturalmente baixos de selénio no solo, o que resulta em culturas e fontes alimentares deficientes em selénio. Além disso, a poluição ambiental, como as emissões industriais ou as actividades mineiras, pode levar à contaminação com selénio, o que representa um risco para a saúde. Considerar o impacto dos factores ambientais na disponibilidade de selénio é importante para a conceção de intervenções destinadas a combater as deficiências nas populações do terceiro mundo.

Selénio e saúde materna: O selénio é importante para a saúde materna e para o bem-estar das mães e dos seus bebés. A ingestão adequada de selénio durante a gravidez pode apoiar o desenvolvimento fetal adequado, reduzir o risco de complicações e contribuir para resultados de parto saudáveis. A deficiência de selénio nas mulheres grávidas tem sido associada à pré-eclâmpsia, à diabetes gestacional e ao desenvolvimento cognitivo deficiente dos bebés. Garantir uma ingestão suficiente de selénio através da dieta ou de suplementos é crucial para promover a saúde materna nas populações do terceiro mundo.

Selénio e doenças crónicas: O selénio tem mostrado potencial para reduzir o risco e a progressão de várias doenças crónicas. Estudos sugerem que a suplementação com selénio pode ter efeitos benéficos em doenças como a asma, a artrite reumatoide e a doença inflamatória intestinal. Embora seja necessária mais investigação para compreender plenamente os mecanismos e as dosagens ideais, as intervenções centradas no selénio podem ser exploradas como parte de abordagens abrangentes para gerir as doenças crónicas nas populações do terceiro mundo.

Selénio e fortificação alimentar: A fortificação de alimentos é uma estratégia para melhorar a ingestão de nutrientes em populações onde as deficiências são prevalecentes. A fortificação com selénio de alimentos básicos ou condimentos pode ser uma forma eficaz de aumentar os níveis de selénio na dieta e resolver as deficiências. Esta abordagem tem sido implementada com sucesso em vários países para combater as deficiências de selénio e melhorar a saúde da população.

Selénio e qualidade da água: O selénio pode estar presente em fontes de água e a sua concentração pode variar em função de factores geológicos. Em áreas onde

Se a água é uma fonte significativa de ingestão de selénio, a gestão da qualidade da água torna-se importante para prevenir tanto a deficiência como a toxicidade. A monitorização dos níveis de selénio nas fontes de água e a implementação de métodos de tratamento adequados podem garantir uma ingestão segura e adequada de selénio nas populações do terceiro mundo.

Ao ter em conta estes aspectos e ao implementar intervenções específicas, as populações do terceiro mundo podem ter melhores resultados em termos de saúde, menor incidência de doenças e maior bem-estar geral. É essencial adaptar as estratégias ao contexto específico, colaborar com as partes interessadas locais e dar prioridade a abordagens sustentáveis para garantir o sucesso a longo prazo na resolução das deficiências de selénio e na promoção da saúde.

Selénio e saúde mental: O selénio tem sido investigado pelo seu potencial impacto na saúde mental. Níveis adequados de selénio podem ajudar a reduzir o risco de certas perturbações da saúde mental, incluindo a depressão e a ansiedade. As propriedades antioxidantes do selénio e o seu envolvimento na síntese e função dos neurotransmissores sugerem uma potencial ligação entre o estado do selénio e o bem-estar mental. A promoção de uma ingestão óptima de selénio através da dieta ou da suplementação pode contribuir para melhores resultados em termos de saúde mental nas populações do terceiro mundo.

Selénio e desenvolvimento infantil: O selénio desempenha um papel crucial no desenvolvimento da primeira infância. A ingestão adequada de selénio durante a infância apoia um crescimento ótimo, a função cognitiva e o desenvolvimento do sistema imunitário. A carência de selénio neste período crítico pode levar a um crescimento atrofiado, a capacidades cognitivas diminuídas e a uma maior suscetibilidade a infecções.

A implementação de intervenções centradas no selénio, como a promoção do aleitamento materno e a introdução de alimentos complementares ricos em selénio, pode ter benefícios a longo prazo para o desenvolvimento infantil nas populações do terceiro mundo.

Selénio e VIH/SIDA: A deficiência de selénio foi observada em indivíduos com VIH/SIDA e pode agravar a progressão da doença. Em alguns estudos, a suplementação com selénio demonstrou potencial para melhorar a função imunitária, reduzir a carga viral do VIH e abrandar a progressão da doença. Tendo em conta a elevada prevalência do VIH/SIDA em certas populações do terceiro mundo, a resolução das deficiências de selénio e a exploração do seu papel como terapia de apoio podem ter implicações positivas para os indivíduos que vivem com a doença.

O selénio e o desenvolvimento mental das crianças: O selénio é essencial para o desenvolvimento adequado do cérebro das crianças. A deficiência de selénio durante a gravidez e a primeira infância pode afetar negativamente a função cognitiva, as capacidades de aprendizagem e o comportamento. Garantir uma ingestão suficiente de selénio através de programas de nutrição materna e de nutrição na primeira infância é crucial para apoiar um desenvolvimento mental ótimo nas populações do terceiro mundo.

O selénio e as práticas agrícolas: As práticas agrícolas sustentáveis podem desempenhar um papel significativo na resolução das deficiências de selénio. A implementação de técnicas agrícolas como a rotação de culturas, a gestão do solo e a biofortificação podem aumentar os níveis de selénio nas culturas, melhorando assim a disponibilidade de alimentos ricos em selénio. A promoção de práticas agrícolas sustentáveis e o apoio aos agricultores na adoção destas abordagens podem contribuir para soluções a longo prazo para a deficiência de selénio nas populações do terceiro mundo.

Selénio e mitigação da poluição da água: A poluição por selénio nas fontes de água pode representar riscos para a saúde das populações que dependem dessas fontes para água potável e irrigação. A implementação de estratégias eficazes de mitigação da poluição da água, como a gestão adequada dos resíduos e o tratamento de efluentes industriais, é crucial para evitar a contaminação por selénio. Proteger as fontes de água e garantir o acesso a água limpa e segura é vital para reduzir o risco de problemas de saúde relacionados com o selénio nas populações do terceiro mundo.

Selénio e educação: Os programas de educação e sensibilização desempenham um papel vital no tratamento das deficiências de selénio e na promoção da saúde das populações do terceiro mundo. Fornecer informações sobre a importância do selénio, fontes dietéticas e estratégias para melhorar a ingestão de selénio pode capacitar indivíduos e comunidades a fazer escolhas

informadas sobre a sua nutrição e saúde. A integração da educação sobre o selénio nos currículos escolares e nas iniciativas de saúde da comunidade pode contribuir para melhorias a longo prazo nos resultados de saúde.
Ao considerar estes aspectos e ao implementar intervenções abrangentes centradas no selénio , as populações do terceiro mundo podem obter melhores resultados em termos de saúde, reduzir o peso das doenças e melhorar o bem-estar geral. É crucial colaborar com as comunidades locais, os prestadores de cuidados de saúde e os decisores políticos para desenvolver estratégias específicas ao contexto e garantir a sustentabilidade na abordagem das deficiências de selénio.

CAPÍTULO 4

Deficiência de selénio em África

A deficiência de selénio afecta grande parte da África subsariana, uma vez que os solos de muitas regiões são naturalmente pobres em selénio. Os países mais afectados incluem: Tanzânia, Burkina Faso, Zimbabué, Gana e Nigéria. A deficiência de selénio pode levar a uma doença chamada doença de Keshan, um tipo de cardiomiopatia que foi historicamente um grande problema de saúde em partes da China até que a deficiência de selénio foi resolvida. Em África não se registou nenhuma doença de Keshan generalizada, mas podem ocorrer problemas cardíacos. Outros potenciais problemas de saúde decorrentes da deficiência de selénio incluem o aumento do risco de certos tipos de cancro, como o da próstata, o colorrectal, o do pulmão e o do fígado. Pode também afetar o sistema imunitário. Os sinais de deficiência de selénio incluem fraqueza, letargia, erupções cutâneas, dores nas articulações, atraso no crescimento, infertilidade e glândulas do pescoço inchadas. Em casos graves, pode ser fatal. As populações em maior risco são as que dependem da agricultura de subsistência em solos deficientes em selénio. Isto inclui as comunidades rurais pobres em muitos países africanos. As intervenções para resolver o problema incluem programas de fortificação de alimentos, diversificação da dieta e suplementação. Alguns países iniciaram programas para fornecer suplementos de selénio a grupos de risco. A investigação em curso continua a compreender melhor os impactos na saúde e a abordar estratégias em diferentes contextos e populações africanas. Em resumo, as deficiências naturais do solo fazem da deficiência de selénio um problema de saúde pública significativo com impacto na saúde e na nutrição em algumas partes de África. O teor de selénio dos solos varia em função da geologia local. O selénio é facilmente lixiviado dos solos pela precipitação em climas húmidos comuns em África.

Os alimentos produzidos em solos deficientes em selénio, como os cereais e os tubérculos, terão um baixo teor de selénio. Os produtos de origem animal também reflectem os níveis de selénio na alimentação do gado. O leite materno pode ser pobre em selénio para as mães de zonas deficientes, agravando os riscos para os bebés. As zonas próximas do equador e as regiões costeiras tendem a ter os níveis mais baixos de selénio no solo do continente. Alguns estudos revelaram que até 50% das pessoas testadas em partes da Tanzânia e do Burkina Faso têm um baixo nível de selénio. A ingestão inadequada de iodo, que também afecta alguns africanos, pode agravar o impacto da deficiência de selénio na saúde. A suplementação tem mostrado benefícios - um ensaio na Tanzânia reduziu as cargas virais do VIH. Mas a sustentabilidade dos suplementos é um desafio. A biofortificação agrícola, como o cultivo de variedades de trigo com alto teor de selénio, pode ajudar a complementar os suplementos.

Estão em curso mais estudos sobre a ingestão ideal e as relações com os resultados de doenças como as taxas de cancro. A resolução desta deficiência de micronutrientes pode melhorar a saúde e a produtividade em África a longo prazo. Assim, em conclusão, a prevalência geográfica e as consequências para a saúde fazem da deficiência de selénio uma preocupação nutricional crítica em muitas nações e comunidades africanas. O aleitamento materno é uma proteção importante para os bebés, mas os níveis de selénio no leite materno estão diretamente relacionados com o estado nutricional da mãe. As mães com baixo teor de selénio representam riscos.

A deficiência de selénio interage com o VIH/SIDA de forma complexa. Algumas evidências sugerem que a ingestão adequada de selénio pode melhorar a função imunitária e retardar a progressão do VIH.

Historicamente, a doença de Keshan afectava as zonas rurais mais pobres do interior da China, com níveis muito baixos de selénio no solo. Padrões semelhantes poderiam surgir em partes de África sem intervenção. Certos genótipos podem influenciar a suscetibilidade individual à deficiência. Os testes genéticos podem ajudar a identificar grupos de alto risco.

Juntamente com os suplementos, as estratégias baseadas nos alimentos são fundamentais para a sustentabilidade. O Brasil e partes da Índia têm tido sucesso com culturas biofortificadas com selénio.

A mandioca, um alimento básico em partes de África, acumula pouco selénio naturalmente. Melhorar a nutrição animal para aumentar os níveis de selénio na carne/leite e garantir uma ingestão adequada através da cadeia alimentar é importante. A fortificação de condimentos comuns, como o sal, ou de alimentos básicos, como a farinha de milho, oferece oportunidades para uma ingestão generalizada e passiva. A combinação de abordagens agrícolas, de suplementação e de fortificação com base nas necessidades regionais oferece as melhores hipóteses de sucesso no controlo. A abordagem de outras questões relacionadas, como a inadequação do iodo, também maximiza os potenciais benefícios da ingestão de selénio para os resultados de saúde pública. É necessária uma estratégia multi-setorial e adaptada para minimizar os riscos deste problema nutricional enraizado em África.

Os grupos vulneráveis incluem as mulheres grávidas/lactantes, cujas necessidades aumentam. Os seus bebés também estão em maior risco. A deficiência pode diminuir o funcionamento das células imunitárias e prejudicar as respostas antivirais. Esta situação pode agravar indiretamente os resultados durante as epidemias de doenças infecciosas. A inflamação crónica mediada pelo stress oxidativo poderia explicar parcialmente os riscos de cancro mais elevados com um baixo nível de selénio. Estão a ser realizados mais estudos sobre as relações entre os genes e os nutrientes.

A investigação sobre a biofortificação com selénio visa identificar variedades que absorvam e acumulem eficazmente o selénio dos solos para as partes comestíveis das plantas.

A fertilização do solo e as práticas agronómicas que aumentam a biodisponibilidade do selénio para as plantas estão também a ser exploradas. Os padrões alimentares dependentes de um único produto de base apresentam riscos mais elevados do que as dietas diversificadas. A educação nutricional tem um papel a desempenhar. As políticas governamentais que apoiam a biofortificação, os programas de suplementação e a cooperação entre os sectores da agricultura e da saúde são importantes.

A vigilância para monitorizar o estado e as doenças relacionadas com a deficiência é ainda limitada, mas necessária para avaliar as intervenções. Mais investigação explora as relações entre os níveis de selénio e os resultados de saúde específicos prevalecentes nas populações e ambientes africanos. Uma abordagem multidisciplinar de saúde que considere factores ambientais, agrícolas, nutricionais e biomédicos é fundamental para resolver com êxito este problema de saúde pública. Os níveis de selénio no leite materno variam muito nos países africanos, dependendo do estatuto materno. Níveis tão baixos como 15-30 ng/mL foram registados em algumas áreas. A biodisponibilidade do selénio depende dos métodos de processamento dos alimentos. A fermentação ou germinação pode aumentar o teor de selénio de alguns alimentos básicos como o sorgo ou as lentilhas. As culturas alimentares africanas específicas diferem na sua capacidade de acumular e distribuir o selénio dentro da planta. O amaranto, os brócolos e as sementes de colza são bons acumuladores. Factores como o pH do solo, matéria orgânica, fósforo e potássio também influenciam os níveis de selénio no solo e a absorção pelas plantas, independentemente da concentração total de selénio no solo. É provável que a deficiência interaja sinergicamente com outras deficiências de micronutrientes comuns em África, como a vitamina A, o zinco e o iodo, para exacerbar a doença. Os ensaios de suplementação com selénio mostram benefícios na redução da gravidade da infeção e do tempo de recuperação de doenças como a hepatite B, a malária e as infecções por protozoários.

O envolvimento dos músculos cardíacos na doença de Keshan pode estar relacionado com o papel do selénio como componente crucial das enzimas antioxidantes glutationa peroxidase no coração. Ainda é necessária mais investigação para estabelecer níveis ideais de ingestão de selénio e biomarcadores para diferentes populações e grupos etários em África.

Os impactos genéticos e epigenéticos da deficiência na saúde exigem uma maior exploração, dados os potenciais efeitos no desenvolvimento e entre gerações. Prossegue a investigação exaustiva e colaborativa em várias disciplinas para abordar plenamente este problema de saúde pública que constitui um desafio. Os níveis de selénio no leite materno estão correlacionados com a ingestão materna durante a gravidez, bem como com a dieta atual. Deve ser assegurado um estado adequado antes e durante o aleitamento.

Os polimorfismos genéticos específicos que afectam a absorção e o metabolismo do selénio podem influenciar a suscetibilidade. Os estudos examinam as suas interações com ambientes com baixo teor de selénio. Certas doenças endémicas, como a tripanossomíase e a esquistossomíase, prevalecentes em África, esgotam as reservas de selénio. A incidência de doenças mediadas por espécies reactivas de oxigénio, como as doenças cardiovasculares, os acidentes vasculares cerebrais e as cataratas, é provavelmente mais elevada em caso de deficiência. O papel do selénio na conversão e no metabolismo das hormonas da tiroide sugere potenciais ligações ao bócio endémico e ao cretinismo em zonas deficientes em iodo. Nalguns estudos, os riscos mais elevados de tuberculose e pneumonia foram associados a um menor nível de selénio. A deficiência prejudica as defesas imunitárias, ao passo que um nível adequado de selénio ajuda a resolver a inflamação. Isto influencia a vulnerabilidade às doenças infecciosas. A bioacessibilidade e a biodisponibilidade das diferentes fontes de selénio orgânico e inorgânico variam e têm impacto na eficácia das intervenções.

Os métodos de transformação dos alimentos, como a fermentação, a germinação ou as técnicas de cozedura, podem influenciar positiva ou negativamente o teor de selénio dos alimentos básicos africanos. A deficiência subclínica é ainda mal compreendida, mas está subjacente ao risco de doença. Os biomarcadores sensíveis ajudariam a detetar e a orientar as estratégias de saúde pública. Mais investigação em diversos contextos africanos continua a aprofundar a compreensão deste desafio nutricional crítico. O nível de selénio é geralmente mais baixo nas comunidades que dependem de cereais como alimentos básicos do que de fontes alimentares vegetais ou animais. Isto inclui muitos pobres das zonas rurais. A escassez sazonal de alimentos agrava os riscos, uma vez que a ingestão diminui enquanto as necessidades aumentam durante a gravidez/lactação ou episódios de doença. Os combustíveis para cozinhar, como a lenha, contribuem para a poluição do ar interior, aumentando o stress oxidativo e as necessidades de selénio que a carência não consegue satisfazer. As infecções crónicas persistentes esgotam as reservas de antioxidantes como o selénio, prejudicando a imunidade e aumentando a gravidade da doença num ciclo vicioso. A mistura genética resultante da migração/intercâmbio entre populações adaptadas a diferentes oligoelementos do solo pode afetar as necessidades individuais.

As alterações climáticas que alteram os padrões de precipitação podem lixiviar ainda mais o selénio dos solos ou afetar o rendimento das colheitas, agravando a deficiência ao longo do tempo se não forem tratadas. As sinergias entre a deficiência, a subnutrição e a infeção tornam difícil a atribuição de efeitos específicos na saúde, mas sublinham a necessidade de intervenções integradas. Ainda são necessários biomarcadores para distinguir com fiabilidade a deficiência subclínica da clínica e avaliar a resposta aos programas. O cabelo pode ser prometedor. A deficiência desempenha provavelmente um papel pouco reconhecido nas doenças não transmissíveis que afectam cada vez mais a saúde africana.

Uma abordagem multissectorial "Uma Só Saúde" é essencial para quebrar os ciclos intergeracionais de carências e os seus impactos.

Os países da África Central e Oriental tendem a ser os mais afectados devido aos solos altamente intemperizados e lixiviados devido à idade da massa terrestre. No entanto, partes da África Ocidental, como o Burkina Faso, também registam níveis elevados de carência. A geologia local é um dos principais factores. A subnutrição em geral prejudica a capacidade de metabolizar e utilizar nutrientes como o selénio, agravando as deficiências existentes. É comum a existência de múltiplas carências de micronutrientes. Por exemplo, a deficiência de iodo exacerba os efeitos do baixo nível de selénio e vice-versa. O selénio pode modificar a virulência de certos agentes infecciosos. Níveis adequados poderiam reduzir a carga de doença dos agentes patogénicos através deste mecanismo. A deficiência tem impacto nas respostas imunitárias inatas e adaptativas através de impactos no metabolismo das hormonas da tiroide e na proteção antioxidante. A suscetibilidade genética pode ser aumentada em populações com adaptação ancestral a uma ingestão muito baixa de selénio na dieta ao longo de gerações. A promoção do aleitamento materno requer uma atenção redobrada para garantir uma quantidade adequada de selénio no leite materno durante o período crítico de desenvolvimento do bebé. Os níveis subclínicos com impacto na saúde têm-se revelado difíceis de definir em populações e contextos africanos. É necessário mais trabalho. Uma abordagem integrada e multi-setorial que considere todos estes factores é a mais promissora para controlar este problema de saúde pública.

CAPÍTULO 5

SELÉNIO PARA BIOFORTIFICAÇÃO

O selénio é um oligoelemento essencial que desempenha um papel crucial em vários processos biológicos. Sabe-se que tem funções importantes na saúde humana, incluindo o seu papel como antioxidante e o seu envolvimento na síntese de proteínas e enzimas. A deficiência de selénio pode levar a problemas de saúde graves, como a doença de Keshan e a doença de Kashin-Beck.

A biofortificação é o processo de melhoria da qualidade nutricional das culturas alimentares através do aumento do teor de nutrientes essenciais. Trata-se de uma abordagem eficaz para combater as carências de nutrientes em populações que dependem fortemente de culturas de base para as suas necessidades alimentares. Embora a biofortificação se tenha centrado tradicionalmente no aumento dos níveis de vitaminas e minerais como o ferro, o zinco e a vitamina A nas culturas, a biofortificação com selénio tem ganho atenção nos últimos anos.

A biofortificação com selénio visa aumentar o teor de selénio nas culturas para melhorar a ingestão alimentar deste nutriente essencial. Podem ser utilizadas várias estratégias para alcançar a biofortificação com selénio:

Abordagens agronómicas: O selénio pode ser adicionado ao solo através da utilização de adubos ou corretivos enriquecidos com selénio. Abordagens genéticas: As técnicas de melhoramento vegetal e de engenharia genética podem ser utilizadas para desenvolver variedades de culturas com maior capacidade de absorção e acumulação de selénio. Isto pode envolver a identificação e seleção de variedades de plantas naturais com elevado teor de selénio ou a introdução de genes responsáveis pela absorção e metabolismo do selénio nas plantas cultivadas.

Biofortificação através da cadeia alimentar: Em vez de aumentar diretamente os níveis de selénio nas culturas, esta abordagem centra-se na melhoria do teor de selénio nos produtos alimentares de origem animal, como os ovos, o leite e a carne. Os animais podem ser alimentados com dietas enriquecidas com selénio, o que resulta na acumulação de selénio nos seus tecidos, tornando-o disponível para os seres humanos através do consumo.

É importante notar que a biofortificação com selénio deve ser feita com cuidado, uma vez que a ingestão excessiva de selénio pode ser tóxica. A dose diária recomendada de selénio varia de país para país, mas geralmente oscila

entre 55 e 70 microgramas por dia para adultos. Por conseguinte, é essencial monitorizar o teor de selénio nas culturas biofortificadas e garantir que se encontram dentro dos limites de consumo seguros.
A biofortificação com selénio tem o potencial de resolver a deficiência de selénio em populações que têm acesso limitado a diversas fontes alimentares. Pode contribuir para melhorar os resultados em termos de saúde e ajudar a prevenir doenças associadas.
Benefícios para a saúde: O selénio é conhecido por ter vários benefícios para a saúde. Funciona como um antioxidante, ajudando a proteger as células dos danos oxidativos. Também está envolvido na produção de hormonas da tiroide e apoia um sistema imunitário saudável. A ingestão adequada de selénio tem sido associada a um risco reduzido de certos cancros, doenças cardiovasculares e declínio cognitivo.
Seleção de culturas: Nem todas as culturas têm a mesma capacidade de absorção e acumulação de selénio. Algumas plantas têm naturalmente uma maior afinidade pelo selénio e podem acumulá-lo mais eficazmente. Exemplos de culturas que acumulam selénio incluem a castanha do Brasil, o alho, a cebola e certas variedades de cereais como o arroz e o trigo. A seleção destas culturas como alvo da biofortificação pode ser vantajosa.
Factores do solo: O teor de selénio no solo varia significativamente nas diferentes regiões. Factores como o tipo de solo, o pH, o teor de matéria orgânica e a disponibilidade de selénio influenciam a absorção de selénio pelas plantas. A compreensão das condições do solo e da biodisponibilidade do selénio é crucial para o êxito dos esforços de biofortificação.
Biodisponibilidade: A biodisponibilidade do selénio nas culturas biofortificadas é uma consideração importante. O selénio existe em diferentes formas químicas e a sua biodisponibilidade varia consoante a forma. Os compostos de selénio, como a selenometionina e a selenocisteína, são mais facilmente absorvidos e utilizados pelo organismo humano do que as formas inorgânicas. As estratégias de biofortificação devem ter por objetivo aumentar as formas biodisponíveis de selénio nas culturas.
Colaboração e parcerias: A biofortificação com selénio requer a colaboração de várias partes interessadas, incluindo cientistas, criadores de plantas, agrónomos e decisores políticos. Organizações internacionais, instituições de investigação e agências governamentais podem trabalhar em conjunto para desenvolver e promover programas de biofortificação com selénio, assegurando a disponibilidade de culturas ricas em selénio para populações vulneráveis.
Monitorização e avaliação: O controlo e a avaliação regulares das culturas

biofortificadas são essenciais para garantir a sua eficácia e segurança. Isto inclui a medição do teor de selénio nas culturas, a avaliação do impacto do consumo na saúde humana e a abordagem de quaisquer riscos potenciais associados à ingestão excessiva de selénio.

Efeitos sinérgicos: A biofortificação com selénio pode ser combinada com outros esforços de biofortificação dirigidos a diferentes nutrientes. Por exemplo, as culturas podem ser biofortificadas com vários nutrientes, como o ferro, o zinco e o selénio, em simultâneo, para combater as deficiências de vários micronutrientes nas populações.

A biofortificação com selénio é um campo emergente com um potencial significativo para melhorar a saúde humana através do combate à deficiência de selénio. São necessários esforços contínuos de investigação, colaboração e implementação para aperfeiçoar as estratégias de biofortificação, desenvolver variedades de culturas biofortificadas com selénio de elevado rendimento e assegurar a sua adoção sustentável em diferentes regiões do mundo.

Biodisponibilidade do selénio: A biodisponibilidade do selénio em culturas biofortificadas depende não só da forma química do selénio, mas também de outros factores alimentares. Por exemplo, a presença de certos componentes da dieta, como fitatos e fibras, pode inibir a absorção de selénio. Por outro lado, alguns compostos, como a vitamina C e os aminoácidos com enxofre, podem aumentar a absorção de selénio. Considerar a composição global da dieta e o seu efeito na biodisponibilidade do selénio é importante para maximizar os benefícios nutricionais das culturas biofortificadas.

Técnicas de biofortificação com selénio: Podem ser utilizadas diferentes técnicas para aumentar o teor de selénio nas culturas. Uma abordagem é a aplicação foliar, em que os compostos de selénio são pulverizados sobre as folhas das plantas em crescimento. Isto permite a absorção direta pela planta e pode ser particularmente útil em áreas onde os níveis de selénio no solo são baixos. Outra técnica é o cultivo hidropónico, em que as plantas são cultivadas numa solução nutritiva contendo selénio. Este método permite um controlo preciso da absorção de selénio pelas plantas.

Clima e práticas agrícolas: Os factores ambientais e as práticas agrícolas podem influenciar o sucesso da biofortificação com selénio. A absorção de selénio pelas plantas é influenciada por factores como a temperatura, a precipitação e a fertilidade do solo. Compreender a interação entre as condições climáticas e a resposta das plantas é crucial para selecionar estratégias de biofortificação e variedades de culturas adequadas.

Lidar com a deficiência de selénio: A deficiência de selénio é um problema de saúde global, sendo certas regiões mais propensas a esta deficiência devido aos baixos níveis de selénio no solo. A biofortificação com selénio pode ajudar a resolver este problema, fornecendo culturas locais ricas em selénio que são acessíveis e económicas para as populações afectadas. Esta abordagem pode ser especialmente valiosa em regiões onde outras estratégias, como a suplementação ou a diversificação da dieta, podem ser difíceis de implementar.

Aceitação do consumidor: O sucesso da biofortificação com selénio também depende da aceitação e vontade do consumidor em adotar culturas biofortificadas nas suas dietas. Campanhas de sensibilização do público, programas de educação e estudos de avaliação sensorial podem ajudar a promover a aceitação e a conveniência dos alimentos biofortificados. O envolvimento com as comunidades locais e a compreensão das suas preferências culturais e hábitos alimentares são cruciais para uma implementação bem sucedida.

Política e regulamentação: A criação de políticas e regulamentos de apoio pode facilitar a adoção da biofortificação com selénio. Os governos podem desempenhar um papel na promoção da investigação e desenvolvimento, fornecendo incentivos aos agricultores, assegurando o controlo de qualidade e segurança e integrando a biofortificação nos programas nacionais de nutrição.

A biofortificação com selénio é promissora como abordagem sustentável e rentável para combater a deficiência de selénio e melhorar a saúde pública. A investigação em curso e os esforços de implementação visam aperfeiçoar as técnicas, desenvolver variedades de culturas com maior acumulação de selénio e garantir o sucesso e o impacto a longo prazo dos programas de biofortificação com selénio.

Populações visadas: A deficiência de selénio é mais prevalente em certas regiões do mundo, particularmente em áreas com baixos níveis de selénio no solo ou onde a dieta é limitada em alimentos ricos em selénio. Os programas de biofortificação podem ser direcionados para populações vulneráveis nestas regiões, tais como comunidades rurais ou grupos com baixos rendimentos que dependem fortemente de culturas básicas para a sua nutrição.

Abordagem multissectorial: A implementação bem sucedida da biofortificação com selénio requer uma abordagem multi-setorial que envolva a colaboração entre vários intervenientes. Isto inclui investigadores agrícolas, criadores de plantas, agrónomos, nutricionistas, funcionários da saúde pública, decisores políticos e comunidades locais. Ao reunir conhecimentos de diferentes áreas, podem ser desenvolvidos programas de biofortificação abrangentes e eficazes.

Aumento de escala: A ampliação dos programas de biofortificação com selénio para atingir uma população maior requer um planeamento e investimento cuidadosos. Isso inclui o estabelecimento de sistemas de produção e distribuição de sementes para variedades de culturas biofortificadas, garantindo o acesso a fertilizantes ou aditivos enriquecidos com selénio, e a sensibilização dos agricultores e consumidores para os benefícios das culturas biofortificadas.
Avaliação do impacto: A avaliação do impacto dos programas de biofortificação com selénio é essencial para medir a sua eficácia na melhoria do estado do selénio e dos resultados de saúde. Isto envolve a monitorização de alterações na ingestão de selénio, biomarcadores do estado do selénio na população-alvo e a avaliação da prevalência de doenças relacionadas com o selénio ao longo do tempo.
Esforços internacionais: A biofortificação com selénio é uma iniciativa global e as organizações internacionais estão ativamente envolvidas no apoio aos esforços de investigação, desenvolvimento e implementação. Por exemplo, o programa HarvestPlus, que faz parte do consórcio CGIAR, concentra-se na biofortificação de vários nutrientes essenciais, incluindo o selénio, e trabalha com parceiros em todo o mundo para promover culturas biofortificadas.
Combinação de abordagens: A biofortificação com selénio pode ser combinada com outras estratégias para abordar a deficiência de selénio de forma abrangente. Isto inclui a promoção da diversificação da dieta para incluir alimentos ricos em selénio, campanhas de educação e sensibilização para melhorar o conhecimento sobre o selénio e os seus benefícios para a saúde, e a colaboração com o sector dos cuidados de saúde para fornecer intervenções específicas para populações de alto risco.
Sustentabilidade e impacto a longo prazo: Para garantir a sustentabilidade e o impacto a longo prazo da biofortificação com selénio, é importante considerar factores como a disponibilidade de sementes, a produtividade das culturas, a relação custo-eficácia e a integração com as práticas agrícolas existentes. O desenvolvimento da capacidade local e o envolvimento dos agricultores na produção e distribuição de culturas biofortificadas podem contribuir para o sucesso a longo prazo dos programas de biofortificação.
A biofortificação com selénio é um campo em evolução, com esforços de investigação e implementação em curso destinados a melhorar a saúde humana e a combater a deficiência de selénio em populações vulneráveis. Ao combinar os avanços científicos, as práticas agrícolas, o apoio político e o envolvimento da comunidade, a biofortificação com selénio tem potencial

para ter um impacto significativo na saúde pública e na nutrição.
Seleção e melhoramento de culturas: O melhoramento de plantas desempenha um papel crucial na biofortificação com selénio. Os investigadores estão a trabalhar para desenvolver variedades de culturas com maior capacidade de absorção, translocação e acumulação de selénio. Isto envolve a identificação e seleção de variedades de plantas com elevada acumulação de selénio ou a utilização de técnicas de melhoramento para introduzir genes responsáveis pela absorção e metabolismo do selénio nas culturas desejadas.
Biofortificação com selénio em culturas de base: As culturas de base como o arroz, o trigo, o milho e o feijão são frequentemente alvo de biofortificação com selénio devido ao seu consumo generalizado e à sua importância nas dietas das populações vulneráveis. A melhoria do teor de selénio destas culturas pode ter um impacto significativo no tratamento da deficiência de selénio a nível da população.
Interações entre nutrientes: A biofortificação com selénio deve ter em conta as interações entre o selénio e outros nutrientes. Por exemplo, o metabolismo do selénio é influenciado pela presença de certos minerais como o zinco e o cobre. É importante assegurar que os esforços de biofortificação não perturbem inadvertidamente o equilíbrio de outros nutrientes essenciais.
Gestão do solo: As práticas de gestão do solo podem afetar a biodisponibilidade do selénio no solo. Factores como o pH do solo, o teor de matéria orgânica e a atividade microbiana podem influenciar a absorção de selénio pelas plantas. A aplicação de técnicas adequadas de gestão do solo, como a calagem ou a matéria orgânica , pode melhorar a disponibilidade e a absorção de selénio pelas culturas.
Processamento pós-colheita: O teor de selénio pode ser influenciado pelo processamento pós-colheita e pelas condições de armazenamento. Compreender o impacto das técnicas de processamento, como a moagem, a cozedura e o armazenamento, na retenção do selénio é importante para garantir que as culturas biofortificadas mantêm o seu teor de selénio e o seu valor nutricional.
Aceitação do consumidor e factores sensoriais: A aceitação pelo consumidor de culturas biofortificadas é crucial para o sucesso da sua adoção. Devem ser tidos em conta factores sensoriais como o sabor, a textura e o aspeto, bem como as preferências culturais e culinárias. O envolvimento com as comunidades locais, a realização de avaliações sensoriais e a promoção dos benefícios nutricionais das culturas biofortificadas podem melhorar a aceitação do consumidor.

Iniciativas globais: A biofortificação com selénio é apoiada por várias iniciativas e organizações globais. A Organização para a Alimentação e Agricultura (FAO) e a Organização Mundial de Saúde (OMS) fornecem orientação e apoio técnico para programas de biofortificação. Organizações como a HarvestPlus e a Bioversity International estão ativamente envolvidas na promoção e implementação de projectos de biofortificação com selénio em todo o mundo.

Apoio político: Os governos desempenham um papel fundamental na promoção e apoio à biofortificação com selénio através de intervenções políticas. Isto inclui o fornecimento de financiamento, o estabelecimento de quadros regulamentares e a integração da biofortificação nas estratégias nacionais de agricultura e nutrição.

Partilha de conhecimentos e colaboração: A colaboração e a partilha de conhecimentos entre investigadores, decisores políticos e profissionais são essenciais para o avanço da biofortificação com selénio. A partilha dos resultados da investigação, das melhores práticas e das histórias de sucesso pode acelerar a adoção e o impacto dos programas de biofortificação a nível mundial.

A biofortificação com selénio é um domínio interdisciplinar que requer uma abordagem holística que envolva a ciência das plantas, a agronomia, a nutrição e a saúde pública. A investigação em curso, os avanços tecnológicos e os esforços de colaboração são essenciais para desenvolver e aplicar estratégias eficazes de biofortificação com selénio para combater a deficiência de selénio e melhorar a saúde pública.

Técnicas de biofortificação: Existem diferentes abordagens para a biofortificação com selénio, incluindo práticas agronómicas e engenharia genética. As práticas agronómicas envolvem a otimização das condições do solo, como o pH e a disponibilidade de selénio, através da fertilização ou de alterações do solo. As técnicas de engenharia genética visam aumentar a expressão dos genes envolvidos na absorção e acumulação de selénio nas culturas.

Suplementação com selénio: Para além da biofortificação, a suplementação com selénio é outra estratégia para combater a deficiência de selénio. Os suplementos de selénio sob a forma de comprimidos ou cápsulas podem ser administrados a indivíduos em risco de deficiência, tais como mulheres grávidas, bebés ou indivíduos com condições de saúde específicas. No entanto, os programas de suplementação devem ser cuidadosamente monitorizados para evitar a ingestão excessiva de selénio, uma vez que níveis elevados podem ser tóxicos.

Risco de toxicidade do selénio: Embora o selénio seja um nutriente essencial, a ingestão excessiva pode levar à toxicidade do selénio, conhecida como selenose. O consumo excessivo crónico de selénio pode causar sintomas como distúrbios gastrointestinais, perda de cabelo e unhas e anomalias neurológicas. Por conseguinte, é importante encontrar um equilíbrio entre tratar a deficiência de selénio e evitar níveis tóxicos de ingestão de selénio.

Considerações sobre o género e a idade: Certos grupos populacionais, como as mulheres grávidas e lactantes, os bebés e os idosos, podem ter maiores necessidades de selénio ou ser mais vulneráveis à deficiência de selénio. Os programas de biofortificação devem ter em conta as necessidades nutricionais específicas destes grupos e adaptar as intervenções em conformidade.

Implicações das alterações climáticas: As alterações climáticas podem ter implicações para os esforços de biofortificação com selénio. Alterações na temperatura, nos padrões de precipitação e nas condições do solo podem afetar a disponibilidade e a absorção de selénio pelas culturas. Compreender estes efeitos potenciais e adaptar as estratégias de biofortificação em conformidade pode ajudar a garantir o seu sucesso a longo prazo.

Considerações económicas: A avaliação da viabilidade económica da biofortificação com selénio é importante para a sua adoção generalizada. As análises de custo-benefício podem ajudar a determinar a viabilidade económica e o potencial retorno do investimento dos programas de biofortificação, considerando factores como o rendimento das culturas, a procura do mercado e os custos de produção.

Fortificação vs. Biofortificação: A biofortificação com selénio difere da fortificação tradicional, em que os nutrientes são adicionados aos alimentos processados. A biofortificação centra-se no aumento do teor de nutrientes das culturas durante o seu crescimento, tornando-a uma abordagem sustentável e económica que pode chegar a populações com acesso limitado a alimentos processados ou suplementos.

Iniciativas globais e histórias de sucesso: A biofortificação com selénio faz parte de um esforço global mais vasto para resolver as deficiências de micronutrientes. Existem várias histórias de sucesso em que os programas de biofortificação tiveram um impacto positivo na saúde pública. Por exemplo, na China, a biofortificação do trigo com selénio reduziu significativamente a prevalência da doença de Keshan, uma doença cardíaca associada à deficiência de selénio.

Direcções de investigação futuras: A investigação em curso tem como objetivo aprofundar a compreensão dos mecanismos de absorção, metabolismo e biodisponibilidade do selénio nas plantas e nos seres

humanos. Este conhecimento pode ajudar a otimizar as estratégias de biofortificação, desenvolver variedades de culturas com maior acumulação de selénio e melhorar as técnicas de monitorização e avaliação.
A biofortificação com selénio é uma estratégia promissora para combater a deficiência de selénio e melhorar a saúde pública. A investigação contínua, a inovação e a colaboração entre cientistas, decisores políticos e comunidades são essenciais para aperfeiçoar as técnicas de biofortificação, aumentar o rendimento das culturas e garantir a implementação sustentável dos programas de biofortificação com selénio.
Selénio e benefícios para a saúde: O selénio é um micronutriente essencial que desempenha um papel crucial em vários processos fisiológicos. Actua como cofator de várias enzimas antioxidantes, apoia a função imunitária e contribui para o metabolismo das hormonas da tiroide. A ingestão adequada de selénio está associada a um risco reduzido de certas doenças crónicas, incluindo doenças cardiovasculares, certos tipos de cancro e declínio cognitivo.
Teor de selénio em diferentes alimentos: O teor de selénio nos alimentos pode variar consoante os níveis de selénio no solo e as fontes vegetais ou animais. Os alimentos ricos em selénio incluem castanhas do Brasil, marisco (como peixe, marisco e camarão), carnes de órgãos (como fígado e rins), cereais integrais e certos frutos e vegetais. No entanto, o teor de selénio nos alimentos à base de plantas é altamente influenciado pelos níveis de selénio no solo.
Deficiência de selénio: A deficiência de selénio pode ter consequências significativas para a saúde. Pode levar a uma série de problemas de saúde, incluindo a doença de Keshan (um problema cardíaco), a doença de Kashin-Beck (um tipo de osteoartrite) e o cretinismo mixedematoso (uma forma de atraso mental e físico). A deficiência de selénio pode também comprometer a função imunitária e aumentar a suscetibilidade a infecções.
Variações regionais na deficiência de selénio: A deficiência de selénio é mais prevalente em certas regiões do mundo, muitas vezes referidas como "cinturas deficientes em selénio". Estas regiões incluem partes da China, Europa de Leste, partes de África e certas zonas dos Estados Unidos. Nestas regiões, os níveis de selénio no solo são naturalmente baixos, o que leva a um maior risco de deficiência de selénio na população local.
Biodisponibilidade do selénio: A biodisponibilidade do selénio refere-se ao grau em que é absorvido e utilizado pelo organismo. A biodisponibilidade do selénio pode variar dependendo da forma química do selénio no alimento ou suplemento, bem como de outros factores dietéticos que podem aumentar ou

inibir a sua absorção. Factores como a saúde intestinal, a presença de outros nutrientes e variações individuais podem influenciar a biodisponibilidade do selénio.
Avaliação do estado do selénio: A avaliação do estado do selénio em indivíduos e populações é importante para identificar deficiências e monitorizar a eficácia dos programas de biofortificação. Os biomarcadores do estado do selénio incluem os níveis de selénio no sangue, os níveis de selenoproteínas no sangue ou nos tecidos e a excreção urinária de selénio. Estes biomarcadores podem fornecer informações valiosas sobre a ingestão e o estado do selénio.
Colaboração com os Agricultores: O envolvimento dos agricultores no processo de biofortificação é crucial para a implementação bem-sucedida dos programas de biofortificação com selénio. A colaboração com os agricultores ajuda a garantir que as variedades de culturas biofortificadas sejam cultivadas, colhidas e distribuídas de forma eficaz. Os programas de formação e educação dos agricultores podem promover práticas agrícolas sustentáveis que optimizem a biofortificação com selénio.
Apoio político e regulamentar: As políticas e regulamentos governamentais desempenham um papel vital na promoção da biofortificação com selénio. O estabelecimento de diretrizes para a biofortificação com selénio, a incorporação da biofortificação nas estratégias nacionais de nutrição e a concessão de incentivos financeiros podem ajudar a criar um ambiente propício à adoção generalizada de culturas biofortificadas.
Sensibilização e educação do público: É essencial sensibilizar o público para a importância do selénio e para os benefícios das culturas biofortificadas. As campanhas educativas podem ajudar a dissipar ideias erradas, promover a diversificação da dieta e incentivar o consumo de alimentos ricos em selénio. A colaboração com profissionais de saúde, líderes comunitários e escolas pode aumentar o alcance e o impacto das iniciativas de sensibilização.
A biofortificação com selénio tem um grande potencial para combater a deficiência de selénio e melhorar a saúde pública. A investigação contínua, a colaboração e o investimento em programas de biofortificação podem contribuir para reduzir o peso das doenças relacionadas com a deficiência de selénio e melhorar o estado nutricional geral das populações vulneráveis.
Biofortificação de múltiplos micronutrientes: A biofortificação com selénio pode ser integrada com a biofortificação de outros micronutrientes essenciais para resolver simultaneamente as deficiências de múltiplos nutrientes. Esta abordagem, conhecida como biofortificação de múltiplos micronutrientes, tem como objetivo aumentar o valor nutricional das culturas através do

aumento dos níveis de vários micronutrientes essenciais, incluindo o selénio, o ferro, o zinco e a vitamina A. Ao combinar múltiplas culturas ou variedades biofortificadas, torna-se possível fornecer uma gama mais abrangente de nutrientes essenciais às populações em risco de carências múltiplas.

Ampliação da biofortificação: Para ter um impacto significativo na saúde pública, os programas de biofortificação com selénio têm de ser ampliados e integrados nos sistemas agrícolas existentes. Isso envolve o aumento da produção e disponibilidade de culturas biofortificadas, o estabelecimento de sistemas de sementes para distribuição e o desenvolvimento de cadeias de valor para o processamento e comercialização de produtos biofortificados. A colaboração entre investigadores, decisores políticos, agricultores e o sector privado é crucial para aumentar com sucesso os esforços de biofortificação.

Agricultura sustentável e saúde dos ecossistemas: A biofortificação com selénio pode contribuir para práticas agrícolas sustentáveis e melhorar a saúde dos ecossistemas. Ao otimizar as técnicas de gestão do solo, tais como a adição de matéria orgânica e a redução de insumos químicos, os programas de biofortificação podem promover a fertilidade do solo, a biodiversidade e a resiliência geral do ecossistema. As práticas agrícolas sustentáveis ajudam a garantir o sucesso a longo prazo das iniciativas de biofortificação, minimizando os impactos ambientais negativos.

Resiliência às alterações climáticas: A biofortificação com selénio pode aumentar a resiliência dos sistemas agrícolas às alterações climáticas. Prevê-se que as alterações climáticas afectem o rendimento das culturas, as condições do solo e a disponibilidade de nutrientes, o que pode ter impacto no teor de selénio nas culturas. Ao desenvolver variedades de culturas biofortificadas resistentes às alterações climáticas e ao implementar práticas agrícolas adaptativas, torna-se possível manter os níveis de selénio nas culturas e atenuar os potenciais efeitos negativos das alterações climáticas nos esforços de biofortificação com selénio.

Parcerias Público-Privadas: A colaboração entre os sectores público e privado é vital para o sucesso da biofortificação com selénio. As parcerias público-privadas podem aproveitar a experiência, os recursos e as redes de distribuição do sector privado para aumentar a produção, a transformação e a comercialização de culturas biofortificadas. Estas parcerias podem também ajudar a garantir a acessibilidade económica, a acessibilidade e a sustentabilidade dos produtos biofortificados.

Educação do consumidor e mudança de comportamento: É crucial educar os consumidores sobre os benefícios das culturas biofortificadas com selénio e promover a mudança de comportamento para um maior consumo.

Campanhas de educação nutricional, demonstrações de culinária e iniciativas de envolvimento da comunidade podem aumentar a consciencialização sobre a importância do selénio e incentivar a integração de alimentos biofortificados nas dietas locais. Capacitar os consumidores com conhecimentos e promover atitudes positivas em relação às culturas biofortificadas pode impulsionar a procura e aumentar o impacto dos programas de biofortificação.

Monitoramento e avaliação: Sistemas eficazes de monitoramento e avaliação são essenciais para avaliar o impacto dos programas de biofortificação com selênio. A monitorização envolve o acompanhamento da produção, distribuição e consumo de culturas biofortificadas, bem como a medição das mudanças no estado do selénio e dos resultados de saúde ao nível da população. Os estudos de avaliação podem fornecer informações sobre a eficácia, a relação custo-eficácia e a sustentabilidade da biofortificação intervenções, orientando a futura conceção e implementação do programa.

Colaboração global e partilha de conhecimentos: A colaboração global e as plataformas de partilha de conhecimentos são fundamentais para o avanço da biofortificação com selénio. Organizações internacionais, como a Associação Internacional do Zinco, HarvestPlus e a Aliança Global para a Melhoria da Nutrição (GAIN), facilitam a troca de conhecimentos, apoiam iniciativas de investigação e fornecem assistência técnica aos países que implementam programas de biofortificação. A partilha das melhores práticas, dos resultados da investigação e das lições aprendidas entre países e regiões pode acelerar o progresso e otimizar o impacto da biofortificação com selénio.

A biofortificação com selénio é um campo dinâmico que é muito promissor para combater a deficiência de selénio e melhorar a saúde pública. Ao combinar a inovação agrícola, a investigação científica, o apoio político e o envolvimento do público, os programas de biofortificação podem contribuir para alcançar os objectivos globais de nutrição e reduzir o peso dos problemas de saúde relacionados com o selénio.

Populações visadas: Os esforços de biofortificação com selénio centram-se frequentemente nas populações vulneráveis que correm um maior risco de deficiência de selénio. Isto inclui mulheres grávidas, mães lactantes, bebés, crianças e idosos que podem ter necessidades acrescidas de selénio ou acesso limitado a dietas diversificadas. Ao visar estas populações, os programas de biofortificação têm como objetivo melhorar o seu estado nutricional e os resultados globais em termos de saúde.

Seleção de culturas para biofortificação: Várias culturas podem ser selecionadas para biofortificação com selénio, dependendo das preferências alimentares e das práticas agrícolas de regiões específicas. As culturas biofortificadas comuns incluem alimentos básicos como arroz, trigo, milho e legumes. A seleção de culturas que são amplamente consumidas e cultivadas localmente aumenta a probabilidade de adoção generalizada e o impacto das intervenções de biofortificação.

Interações entre nutrientes: A biofortificação com selénio deve considerar as interações entre o selénio e outros nutrientes da dieta. Por exemplo, a absorção e a utilização do selénio podem ser influenciadas pela presença de outros minerais como o ferro, o zinco e o cobre. É importante otimizar a abordagem de biofortificação para garantir que o aumento da ingestão de selénio não compromete a absorção ou utilização de outros nutrientes essenciais.

Biofortificação na alimentação animal: A biofortificação com selénio também pode ser aplicada à alimentação animal para melhorar o teor de selénio na carne, nos ovos e nos produtos lácteos. Os animais que consomem alimentos biofortificados acumulam níveis mais elevados de selénio nos seus tecidos, o que pode contribuir para uma maior ingestão de selénio na dieta dos consumidores. Esta abordagem fornece uma via alternativa para aumentar a ingestão de selénio, particularmente em regiões onde os produtos animais são uma parte importante da dieta.

Colaboração com os sistemas de saúde: A integração dos esforços de biofortificação com selénio nos sistemas de saúde existentes pode aumentar o impacto na saúde pública. A colaboração com os prestadores de cuidados de saúde, nutricionistas e trabalhadores comunitários de saúde pode ajudar a identificar indivíduos em risco de deficiência de selénio, fornecer intervenções específicas e monitorizar a eficácia dos programas de biofortificação. Esta integração garante uma abordagem abrangente para tratar a deficiência de selénio e os problemas de saúde relacionados.

Apoio político e quadros regulamentares: Os governos desempenham um papel crucial no apoio e promoção da biofortificação com selénio. O estabelecimento de quadros políticos, regulamentos e normas para as culturas biofortificadas pode fornecer orientações sobre a produção, o controlo de qualidade, a rotulagem e a comercialização. Os incentivos, subsídios e investimentos em investigação e desenvolvimento também podem encorajar a adoção e a sustentabilidade das iniciativas de biofortificação.

Defesa global e financiamento: Organizações internacionais, agências doadoras e grupos de defesa desempenham um papel vital na mobilização de recursos e na sensibilização para a importância da biofortificação com selénio. Estas entidades apoiam a investigação, o desenvolvimento de capacidades e os esforços de sensibilização, ajudando a impulsionar a integração da biofortificação nas estratégias nacionais de nutrição e nas agendas de desenvolvimento global.

Considerações sobre o género: A igualdade de género e o empoderamento das mulheres são aspectos críticos da biofortificação com selénio. As mulheres muitas vezes desempenham papéis fundamentais na agricultura, produção de alimentos e nutrição familiar. Garantir a sua participação ativa e a tomada de decisões nos programas de biofortificação pode levar a resultados mais inclusivos e sustentáveis. As abordagens sensíveis ao género podem também responder às necessidades nutricionais específicas das mulheres e raparigas, promovendo o seu bem-estar geral.

Avaliação de impacto: Estudos rigorosos de avaliação de impacto são essenciais para avaliar a eficácia e o impacto dos programas de biofortificação com selénio. Estes estudos ajudam a medir as mudanças no estado do selénio, os resultados nutricionais e os indicadores de saúde nas populações alvo. As avaliações de impacto fornecem provas sobre os benefícios e a relação custo-eficácia das intervenções de biofortificação, informando os ajustes do programa e orientando futuros investimentos.

A biofortificação com selénio é uma abordagem multidimensional que requer a coordenação entre vários sectores, incluindo a agricultura, a nutrição, a saúde e a política. Ao abordar os factores complexos que influenciam a deficiência de selénio e ao empregar uma abordagem abrangente, os programas de biofortificação podem contribuir significativamente para melhorar o estado nutricional e o bem-estar das populações em todo o mundo.

Abordagens genéticas: Podem ser utilizadas técnicas de engenharia genética para aumentar o teor de selénio nas culturas. Os cientistas podem introduzir genes responsáveis pela absorção, transporte ou acumulação de selénio nos genomas das plantas. Esta abordagem permite o desenvolvimento de variedades de culturas biofortificadas com maior teor de selénio do que as não biofortificadas. As abordagens genéticas oferecem um controlo preciso sobre o nível de acumulação de selénio e podem ser combinadas com métodos de melhoramento convencionais para acelerar o desenvolvimento de culturas biofortificadas.

Biofortificação em aquacultura: A biofortificação com selénio também pode ser aplicada na aquacultura, particularmente na criação de peixes e camarões. A inclusão de aditivos alimentares ricos em selénio ou a incorporação de ingredientes enriquecidos com selénio na alimentação de peixes e camarões pode aumentar o teor de selénio nos seus tecidos. Esta abordagem melhora a qualidade nutricional dos produtos da aquacultura, beneficiando tanto os produtores como os consumidores.

Considerações regulamentares: O quadro regulamentar que envolve as culturas biofortificadas varia consoante os países. Alguns países estabeleceram regulamentos e diretrizes específicos para o cultivo, distribuição e rotulagem de culturas biofortificadas, enquanto outros podem incorporar a biofortificação nas políticas agrícolas ou nutricionais existentes. A harmonização das práticas regulamentares e a garantia de avaliações de segurança são fundamentais para manter a confiança dos consumidores e facilitar a adoção de culturas biofortificadas.

Manuseamento e processamento pós-colheita: O manuseamento e processamento pós-colheita adequados das culturas biofortificadas são cruciais para preservar o teor de selénio e maximizar a sua biodisponibilidade. As condições de armazenamento, os métodos de processamento e as técnicas de cozedura podem ter impacto na retenção de selénio nos produtos alimentares. O desenvolvimento de diretrizes adequadas e de programas de formação para agricultores, transformadores e consumidores pode ajudar a manter a integridade nutricional das culturas biofortificadas ao longo da cadeia de abastecimento alimentar.

Desenvolvimento do mercado e aceitação do consumidor: A criação de procura de culturas biofortificadas e a garantia da sua disponibilidade nos mercados locais são factores-chave para o sucesso da biofortificação com selénio. As estratégias de desenvolvimento do mercado, tais como a marca, a promoção do produto e as parcerias com retalhistas e empresas alimentares, podem ajudar a aumentar a aceitação do consumidor e a aceitação dos produtos biofortificados. O envolvimento com as comunidades, a realização de testes de sabor e a resposta às preocupações dos consumidores podem facilitar a adoção de culturas biofortificadas em diversos contextos culturais.

Iniciativas globais: Várias iniciativas globais estão centradas no combate às deficiências de micronutrientes, incluindo a deficiência de selénio, através da biofortificação. Organizações como a HarvestPlus, o Micronutrient Forum, e a Global Alliance for Improved Nutrition (GAIN) trabalham para promover e apoiar programas de biofortificação em todo o mundo. Estas iniciativas fornecem conhecimentos técnicos, financiamento e coordenação para acelerar o desenvolvimento e a implementação de intervenções de biofortificação.

Modelos de financiamento sustentáveis: Garantir um financiamento sustentável para os programas de biofortificação com selénio é crucial para o seu sucesso a longo prazo. O financiamento pode vir de diversas fontes, incluindo orçamentos governamentais, doadores internacionais, parcerias público-privadas e mecanismos de financiamento inovadores. Compromissos financeiros de longo prazo e investimentos estratégicos são necessários para garantir a continuidade e a escalabilidade dos esforços de biofortificação.

Transferência de conhecimentos e desenvolvimento de capacidades: A partilha de conhecimentos, experiência e melhores práticas entre países e regiões é essencial para o avanço da biofortificação com selénio. Programas de capacitação, workshops de formação e plataformas de partilha de conhecimentos facilitam a transferência de conhecimentos técnicos, resultados de investigação e estratégias de implementação. Incentivar a colaboração e aprender com experiências bem sucedidas de biofortificação pode acelerar o progresso e otimizar o impacto dos programas de biofortificação com selénio em todo o mundo.

A biofortificação com selénio continua a evoluir como uma estratégia promissora para combater a deficiência de selénio e melhorar a saúde pública. A investigação em curso, a inovação e a colaboração entre sectores contribuirão para aperfeiçoar os métodos de biofortificação, expandir as opções de culturas e maximizar o impacto das intervenções de biofortificação na nutrição e bem-estar globais.

Biodisponibilidade e formas de selénio: A biodisponibilidade do selénio, ou seja, a medida em que pode ser absorvido e utilizado pelo organismo, depende da sua forma química. As diferentes formas de selénio, como o selenato, o selenito e os compostos orgânicos de selénio, têm uma biodisponibilidade variável. Compreender a biodisponibilidade das diferentes formas de selénio em culturas biofortificadas é crucial para otimizar o seu impacto nutricional e garantir que o selénio é efetivamente absorvido pelo corpo humano.

Factores do solo: O teor de selénio nas culturas é influenciado pela concentração de selénio no solo. As propriedades do solo, incluindo o pH, o teor de matéria orgânica e a disponibilidade de selénio, podem afetar a absorção e a acumulação de selénio pelas plantas. A avaliação dos níveis de selénio no solo, a compreensão das interações solo-planta e a implementação de práticas de gestão do solo para aumentar a disponibilidade de selénio são considerações importantes nos programas de biofortificação com selénio.

Abordagens combinadas: A combinação de diferentes estratégias pode aumentar a eficácia da biofortificação com selénio. Por exemplo, a combinação de abordagens genéticas com práticas agronómicas, como a otimização da aplicação de fertilizantes ou técnicas de irrigação, pode melhorar a absorção e acumulação de selénio nas culturas. A integração da biofortificação com outras intervenções, como a diversificação da dieta ou programas de suplementação, pode fornecer uma abordagem abrangente para tratar a deficiência de selénio.

Risco de ingestão excessiva de selénio: Embora o selénio seja um nutriente essencial, a sua ingestão excessiva pode ter efeitos adversos para a saúde. É importante monitorizar e controlar cuidadosamente o teor de selénio nas culturas biofortificadas para evitar o consumo excessivo de selénio. A investigação sobre os limites máximos de ingestão de selénio e o estabelecimento de orientações para níveis seguros de selénio em culturas biofortificadas são fundamentais para garantir os benefícios nutricionais e minimizar o risco de toxicidade.

Aceitação e Adoção pelos Agricultores: Incentivar os agricultores a adotar variedades de culturas biofortificadas é essencial para o sucesso da biofortificação com selénio. Factores como o desempenho da cultura, a estabilidade do rendimento, a procura do mercado e a adequação agronómica influenciam a aceitação dos agricultores. Fornecer aos agricultores acesso a sementes biofortificadas, formação sobre práticas de cultivo e apoio na comercialização dos seus produtos biofortificados pode incentivar a sua participação e aumentar a disponibilidade de culturas biofortificadas nos mercados locais.

Consciencialização do público e mudança de comportamento: É crucial sensibilizar o público para os benefícios das culturas biofortificadas com selénio e promover a mudança de comportamento em relação ao seu consumo. As campanhas de educação nutricional, as actividades de envolvimento da comunidade e as estratégias de comunicação podem ajudar a construir a compreensão e a aceitação dos alimentos biofortificados. O envolvimento com as principais partes interessadas, incluindo consumidores, prestadores de cuidados de saúde e educadores, pode facilitar a adoção de práticas alimentares saudáveis e a integração de culturas biofortificadas nas dietas diárias.

Avaliação do impacto sustentável: A avaliação do impacto a longo prazo dos programas de biofortificação com selénio é importante para avaliar a sua sustentabilidade e eficácia. A monitorização da prevalência da deficiência de selénio, a medição das alterações no estado do selénio e a avaliação do impacto nos resultados de saúde são componentes chave da avaliação do impacto. Além disso, avaliar as implicações sociais, económicas e ambientais dos programas de biofortificação assegura uma compreensão holística da sua sustentabilidade e benefícios.

Colaboração global e partilha de conhecimentos: A colaboração entre países, investigadores e instituições é vital para o avanço da biofortificação com selénio. A partilha de resultados de investigação, melhores práticas e lições aprendidas entre regiões pode acelerar o progresso e informar a conceção do programa. As plataformas globais, tais como conferências, redes e consórcios de investigação, facilitam a colaboração, a partilha de conhecimentos e o desenvolvimento de abordagens harmonizadas para a biofortificação com selénio.

A biofortificação com selénio tem um potencial significativo para combater a deficiência de selénio e melhorar os resultados da saúde pública. A investigação, o investimento e a colaboração contínuos são essenciais para aperfeiçoar as técnicas, expandir as opções de culturas e maximizar o impacto das intervenções de biofortificação na nutrição e no bem-estar globais.

Biofortificação de múltiplos micronutrientes: A biofortificação com selénio pode ser combinada com a biofortificação de outros micronutrientes essenciais para resolver simultaneamente as deficiências de múltiplos nutrientes. Esta abordagem, conhecida como biofortificação multimicronutriente, visa melhorar a qualidade nutricional global das culturas e aumentar a ingestão de vários nutrientes essenciais, incluindo o selénio, o ferro, o zinco e a vitamina A. Ao incorporar múltiplas estratégias de biofortificação, tais como a criação, as práticas agronómicas e a fortificação durante o processamento, esta abordagem oferece uma solução abrangente para combater a desnutrição.

Considerações ecológicas: A biofortificação com selénio deve ter em conta as implicações ecológicas do aumento dos níveis de selénio no ambiente. O selénio é um oligoelemento que pode ter efeitos benéficos e prejudiciais nos ecossistemas. A acumulação excessiva de selénio no solo e nas massas de água pode ser tóxica para as plantas, os animais e os organismos aquáticos. A implementação de práticas agrícolas sustentáveis, a monitorização dos níveis ambientais de selénio e a garantia de uma utilização responsável de fertilizantes contendo selénio são importantes para minimizar os riscos ecológicos.

Biofortificação em diversas zonas agroecológicas: A biofortificação com selénio tem de ser adaptada a zonas agroecológicas e sistemas agrícolas específicos. Diferentes regiões têm caraterísticas distintas de solo, condições climáticas e práticas agrícolas que podem influenciar o sucesso dos esforços de biofortificação. A adaptação das estratégias de biofortificação aos contextos locais e a realização de investigação sobre o desempenho das culturas e a biodisponibilidade do selénio em diferentes agroecossistemas são cruciais para uma implementação eficaz.

Preferências do consumidor e atributos sensoriais: O sucesso das culturas biofortificadas com selénio depende da aceitação do consumidor, que é influenciada por atributos sensoriais como o sabor, a textura e o aspeto. Garantir que as culturas biofortificadas mantenham as qualidades sensoriais desejáveis é importante para a sua comercialização e consumo. A integração da avaliação sensorial e do feedback dos consumidores no processo de seleção e melhoramento das culturas pode ajudar a desenvolver variedades biofortificadas que satisfaçam as preferências dos consumidores.

Integração com a agricultura inteligente face ao clima: A biofortificação com selénio pode ser integrada em práticas agrícolas inteligentes em termos climáticos, que visam melhorar a produtividade agrícola, a resiliência e a sustentabilidade face às alterações climáticas. As abordagens agrícolas inteligentes em termos climáticos, como a agricultura de conservação, a agrofloresta e a agricultura de precisão, podem otimizar a absorção e utilização de nutrientes pelas culturas, incluindo o selénio. Ao combinar a biofortificação com práticas inteligentes em termos climáticos, podem ser alcançados benefícios sinérgicos, contribuindo para a segurança nutricional e a resiliência climática.

Colaboração internacional em investigação e desenvolvimento: A colaboração internacional em investigação e desenvolvimento é crucial para o avanço da biofortificação com selénio. A partilha de conhecimentos, recursos e experiência entre países e instituições pode acelerar o progresso e ultrapassar desafios comuns. O estabelecimento de redes de investigação colaborativas, a promoção da transferência de tecnologia e o apoio a iniciativas de desenvolvimento de capacidades podem facilitar a cooperação global na abordagem da deficiência de selénio.

Integração e alinhamento de políticas: A integração da biofortificação com selénio em quadros políticos mais amplos é essencial para aumentar os esforços e garantir um impacto sustentado. O alinhamento dos programas de biofortificação com as políticas nacionais de nutrição, estratégias agrícolas e iniciativas de segurança alimentar pode proporcionar um ambiente propício para a implementação. Os decisores políticos podem incentivar a biofortificação através de regulamentos de apoio, programas de compras públicas e integração em redes de segurança social.

Sistemas de Monitorização e Vigilância: O estabelecimento de sistemas robustos de monitorização e vigilância é fundamental para acompanhar o progresso e o impacto dos programas de biofortificação com selénio. A monitorização da produção, disponibilidade e consumo de culturas biofortificadas, bem como a avaliação das alterações no estado do selénio e

nos resultados de saúde, ajuda a avaliar a eficácia do programa e a orientar futuras intervenções. Os sistemas de monitorização também contribuem para a responsabilização, transparência e tomada de decisões baseadas em provas.
A biofortificação com selénio é um campo dinâmico de investigação e implementação, em constante evolução para enfrentar o complexo desafio da deficiência de selénio. Através da colaboração interdisciplinar, do apoio político e do investimento sustentável, os programas de biofortificação podem dar um contributo significativo para melhorar a nutrição global e a saúde humana.
Populações-alvo e grupos vulneráveis: Os programas de biofortificação com selénio podem dar prioridade a populações ou grupos específicos que estejam em maior risco de deficiência de selénio. Isto inclui regiões com solos reconhecidamente deficientes em selénio, comunidades com acesso limitado a dietas diversificadas e grupos vulneráveis como mulheres grávidas, crianças e idosos. Ao direcionar as intervenções para estas populações, o impacto da biofortificação com selénio pode ser maximizado em áreas onde a necessidade é maior.
Fortificação de alimentos processados: A biofortificação com selénio pode estender-se para além dos produtos frescos e incluir a fortificação de produtos alimentares transformados. A adição de ingredientes ricos em selénio ou fortificantes a alimentos processados de consumo comum, como pão, massa ou alimentos misturados fortificados, pode aumentar o teor de selénio e melhorar o valor nutricional destes produtos básicos. Esta abordagem oferece uma via adicional para atingir uma população maior e garantir um acesso mais alargado a alimentos biofortificados com selénio.
Parcerias Público-Privadas: A colaboração entre os sectores público e privado pode desempenhar um papel significativo no avanço da biofortificação com selénio. As parcerias com empresas de sementes, processadores de alimentos, retalhistas e distribuidores podem acelerar o desenvolvimento, a produção e a penetração no mercado de culturas biofortificadas. As parcerias público-privadas também facilitam a partilha de conhecimentos, a mobilização de recursos e a integração da biofortificação nas cadeias de valor existentes.
Monitorização e Avaliação Nutricional: A monitorização do impacto dos programas de biofortificação com selénio nos resultados nutricionais é crucial para avaliar a sua eficácia. A vigilância regular do estado do selénio, da ingestão alimentar e dos indicadores de saúde pode fornecer informações sobre o progresso alcançado no tratamento da deficiência de selénio. A avaliação do impacto da biofortificação no estado nutricional, no

desenvolvimento cognitivo e nos resultados das doenças ajuda a gerar provas para a defesa de causas, o aperfeiçoamento de programas e a afetação de recursos.

Diversidade alimentar e sinergias com o selénio: A promoção da diversidade alimentar juntamente com a biofortificação com selénio é importante para responder às necessidades nutricionais globais. Incentivar o consumo de uma dieta variada rica em frutas, legumes, cereais integrais e alimentos de origem animal pode complementar os benefícios da biofortificação com selénio. Além disso, certos componentes da dieta, como a vitamina E e os aminoácidos que contêm enxofre, podem aumentar a biodisponibilidade e a utilização do selénio no organismo, salientando a importância de considerar as interações sinérgicas entre nutrientes.

Divulgação de conhecimentos e formação: A disseminação de conhecimentos sobre a biofortificação com selénio e o desenvolvimento de capacidades entre os vários intervenientes são essenciais para uma implementação bem sucedida. Os programas de formação para agricultores, extensionistas, profissionais de saúde e educadores podem melhorar a sua compreensão das técnicas de biofortificação, benefícios e melhores práticas. A disseminação do conhecimento pode ocorrer através de workshops, conferências, materiais educativos e plataformas online, permitindo uma maior adoção e integração de estratégias de biofortificação com selénio.

Considerações de género: A integração de considerações de género nos programas de biofortificação com selénio pode promover a igualdade de género e a inclusão social. As mulheres desempenham um papel crucial na agricultura e na nutrição, e sua participação nas iniciativas de biofortificação deve ser incentivada. Considerar as preferências, funções e responsabilidades específicas do género na conceção do programa ajuda a garantir que as intervenções de biofortificação são equitativas, capacitadoras e respondem às necessidades de homens e mulheres.

Sustentabilidade a longo prazo e aumento de escala: Garantir a sustentabilidade a longo prazo da biofortificação com selénio requer uma abordagem abrangente. Isso inclui a construção de capacidade local, o estabelecimento de sistemas de sementes para variedades de culturas biofortificadas, o fortalecimento das cadeias de valor e a promoção da apropriação pela comunidade. O aumento dos esforços de biofortificação envolve o envolvimento com os decisores políticos, a garantia de compromissos de financiamento e o estabelecimento de parcerias para uma implementação generalizada.

A biofortificação com selénio continua a evoluir como uma abordagem promissora para combater a deficiência de selénio e melhorar os resultados de saúde pública. Ao combinar os avanços científicos, o apoio político e o envolvimento da comunidade, os programas de biofortificação podem contribuir para a redução das deficiências de micronutrientes e para a promoção de sistemas alimentares sustentáveis e inclusivos.

Engenharia genética: As técnicas de engenharia genética podem ser utilizadas para aumentar o teor de selénio nas culturas. Os investigadores podem introduzir genes responsáveis pela acumulação de selénio de plantas que acumulam selénio em espécies de culturas, aumentando assim a sua capacidade de absorção e armazenamento de selénio. Esta abordagem oferece o potencial para desenvolver variedades de culturas com elevado teor de selénio e melhor valor nutricional.

Intervenções pós-colheita: As intervenções pós-colheita podem ser implementadas para aumentar ainda mais o teor de selénio e a biodisponibilidade das culturas biofortificadas. Técnicas como o processamento de culturas biofortificadas, o aumento da bioacessibilidade e a otimização do armazenamento podem ajudar a preservar e até aumentar os níveis de selénio nos produtos alimentares processados. Estas intervenções garantem que os benefícios nutricionais da biofortificação com selénio são mantidos ao longo da cadeia de valor alimentar.

Interações entre micronutrientes: A biofortificação com selénio deve ter em conta as interações entre o selénio e outros micronutrientes essenciais. Por exemplo, o selénio e o iodo interagem estreitamente, e a ingestão excessiva de selénio pode interferir com o metabolismo do iodo. É importante avaliar e gerir estas interações para evitar efeitos negativos indesejados no equilíbrio dos micronutrientes e na saúde em geral.

Desenvolvimento do mercado e demanda do consumidor: O desenvolvimento de mercados para culturas biofortificadas com selénio é crucial para a sua adoção bem sucedida e sustentabilidade. Gerar a demanda do consumidor através de campanhas de marketing direcionadas, programas educacionais e rotulagem de produtos pode incentivar o consumo de alimentos biofortificados. A parceria com retalhistas, fabricantes de alimentos e fornecedores de serviços alimentares pode ajudar a aumentar a disponibilidade e acessibilidade dos produtos biofortificados no mercado.

Estudos de impacto na saúde: A realização de estudos de impacto na saúde é essencial para demonstrar a eficácia da biofortificação com selénio na melhoria dos resultados de saúde. Estes estudos envolvem a avaliação do impacto do aumento da ingestão de selénio em indicadores de saúde relevantes, tais como biomarcadores do estado do selénio, prevalência de

doenças ou função cognitiva. Evidências sólidas de estudos bem concebidos contribuem para a base científica da biofortificação com selénio e informam as políticas de saúde pública.
Normas e regulamentos internacionais: O estabelecimento de normas e regulamentos internacionais para culturas biofortificadas com selénio garante a sua qualidade, segurança e rotulagem adequada. Orientações harmonizadas sobre níveis aceitáveis de selénio, requisitos de rotulagem e alegações de teor de nutrientes permitem que os consumidores façam escolhas informadas. A colaboração com órgãos reguladores, como o Codex Alimentarius, facilita o desenvolvimento de padrões globais para alimentos biofortificados.
Transferência de conhecimentos e desenvolvimento de capacidades: Facilitar a transferência de conhecimentos e o desenvolvimento de capacidades entre países e regiões é vital para a implementação generalizada da biofortificação com selénio. A partilha de melhores práticas, resultados de investigação e lições aprendidas através de programas de formação, workshops e cooperação técnica ajuda a construir conhecimentos locais e fortalece as iniciativas de biofortificação a nível global.
Investimento público-privado: O investimento contínuo dos sectores público e privado é crucial para o avanço da biofortificação com selénio. Os governos, as organizações internacionais, as fundações filantrópicas e as empresas privadas podem fornecer apoio financeiro para a investigação, o desenvolvimento e a implementação de programas de biofortificação. As parcerias público-privadas podem alavancar recursos e conhecimentos para acelerar o progresso e garantir a sustentabilidade a longo prazo dos esforços de biofortificação.
A biofortificação do selénio é muito promissora para combater a deficiência de selénio e melhorar a saúde pública. Ao adotar abordagens inovadoras, promover a colaboração e integrar a biofortificação em estratégias mais amplas de nutrição e segurança alimentar, podemos trabalhar para um futuro em que a deficiência de selénio seja significativamente reduzida e as comunidades tenham melhor acesso a nutrientes essenciais para o seu bem-estar.

Biologia molecular do selénio:

O selénio está incorporado em várias selenoproteínas, que são uma classe única de proteínas que contêm selénio sob a forma do aminoácido selenocisteína.
A selenocisteína é codificada por um códon específico (UGA) no mRNA dos genes das selenoproteínas. Este códon serve normalmente como um sinal de paragem durante a síntese proteica, mas na presença de estruturas específicas

de ARN e factores de tradução, é reconhecido como um códon de selenocisteína. Este mecanismo único permite a síntese de selenoproteínas.

Selenoproteínas e suas funções:

Glutatião Peroxidases (GPx): Estas enzimas estão envolvidas na defesa celular contra o stress oxidativo. Reduzem o peróxido de hidrogénio e os hidroperóxidos lipídicos, protegendo as células dos danos oxidativos. As enzimas GPx encontram-se em vários tecidos, incluindo o fígado, os rins e os glóbulos vermelhos.

Tioredoxina Redutases (TrxR): Estas enzimas desempenham um papel crucial na manutenção do equilíbrio redox celular. Estão envolvidas na regeneração de formas reduzidas de proteínas, como a tioredoxina, que são importantes para processos celulares como a síntese de ADN, a defesa antioxidante e a regulação da sinalização celular.

Iodotironina Deiodinases (DIO): Estas enzimas estão envolvidas na ativação e inativação das hormonas da tiroide. Regulam os níveis e a atividade das hormonas da tiroide, que são essenciais para o metabolismo, o crescimento e o desenvolvimento.

Selenoproteína P (SEPP1): A SEPP1 é uma proteína de transporte de selénio que fornece selénio a vários tecidos. Tem também propriedades antioxidantes e desempenha um papel na função imunitária e na homeostase do selénio.

Selenoproteína N (SEPN1): A SEPN1 está envolvida no desenvolvimento e na função muscular. As mutações no gene SEPN1 estão associadas a certas doenças musculares, como a distrofia muscular da coluna vertebral rígida.

Defesa antioxidante: O selénio, através da sua incorporação nas enzimas GPx e TrxR, contribui para o sistema de defesa antioxidante. Estas enzimas ajudam a neutralizar as espécies reactivas de oxigénio (ROS) e a proteger as células dos danos oxidativos, reduzindo assim o risco de doenças crónicas associadas ao stress oxidativo, incluindo doenças cardiovasculares, cancro e doenças neurodegenerativas.

2. função adequada da tiroide: O selénio é essencial para a produção, ativação e metabolismo das hormonas da tiroide. As enzimas deiodinase, que contêm selénio, estão envolvidas na conversão da hormona da tiroide inativa (T4) para a forma ativa (T3) e regulam os níveis de hormonas da tiroide no organismo. Níveis adequados de selénio são necessários para o bom funcionamento da glândula tiroide, que é crucial para o metabolismo, crescimento, desenvolvimento e equilíbrio hormonal global.

CAPÍTULO 6

Melhorar a qualidade nutricional qualidade nutricional dos produtos de origem animal, e combater a carência de Se nos humanos

A biofortificação dos alimentos para animais com selénio pode, de facto, ser uma estratégia eficaz para melhorar a saúde dos animais e combater a deficiência de selénio nos seres humanos. O selénio é um mineral vestigial essencial que desempenha um papel crucial em vários processos fisiológicos, tanto nos animais como nos seres humanos.

A deficiência de selénio pode levar a problemas de saúde nos animais, incluindo crescimento reduzido, função imunitária comprometida, problemas reprodutivos e maior suscetibilidade a doenças. Além disso, os animais que são deficientes em selénio podem produzir carne, leite e ovos deficientes em selénio, o que pode ter impacto na nutrição humana.

Ao fortificar os alimentos para animais com selénio, o conteúdo de selénio nos seus tecidos pode ser aumentado, levando a uma melhor saúde animal e a um melhor valor nutricional dos produtos derivados de animais para consumo humano. Esta abordagem é especialmente relevante em regiões onde os níveis de selénio no solo são baixos, uma vez que pode resultar em culturas deficientes em selénio e, subsequentemente, afetar a saúde animal e humana.

Para implementar a biofortificação dos alimentos para animais com selénio, podem ser utilizados vários métodos. Uma abordagem comum é adicionar suplementos enriquecidos com selénio ou pré-misturas aos alimentos para animais. Estes suplementos podem conter compostos inorgânicos de selénio, como o selenito de sódio ou o selenato de sódio, ou formas orgânicas de selénio, como a selenometionina ou a selenocisteína. A escolha da fonte de selénio depende de factores como a espécie animal a que se destina, o custo e considerações de biodisponibilidade.

É importante notar que, embora o selénio seja essencial para a saúde, a ingestão excessiva de selénio pode ser tóxica. Por conseguinte, é necessário considerar cuidadosamente a dosagem adequada de selénio e monitorizar os níveis de selénio nos animais e nos seus produtos para evitar tanto a deficiência como a toxicidade.

O consumo de produtos de origem animal enriquecidos com selénio pode contribuir para resolver a deficiência de selénio nos seres humanos. O selénio é um nutriente essencial também para os seres humanos, e a sua deficiência pode levar a vários problemas de saúde, incluindo uma função imunitária deficiente, disfunção da tiroide e aumento do risco de certas doenças.

Ao melhorar os níveis de selénio nos produtos alimentares de origem animal através da biofortificação, o estado nutricional do selénio nos seres humanos pode ter um impacto positivo. Isto pode ser particularmente benéfico para as populações que dependem fortemente de alimentos derivados de animais como fonte de selénio.

Em conclusão, a biofortificação dos alimentos para animais com selénio é uma abordagem promissora para melhorar a saúde dos animais e resolver a deficiência de selénio nos seres humanos. É essencial considerar cuidadosamente a dosagem, a monitorização e os métodos de suplementação adequados para garantir um estado ótimo de selénio nos animais e os benefícios nutricionais para os consumidores humanos.

Importância do Selénio: O selénio é um micronutriente essencial tanto para os animais como para os seres humanos. É um componente de várias selenoproteínas importantes, que desempenham papéis críticos na defesa antioxidante, no metabolismo das hormonas da tiroide, na função imunitária e na saúde reprodutiva. A deficiência de selénio pode levar a vários problemas de saúde, incluindo distúrbios musculares, diminuição da fertilidade, respostas imunitárias enfraquecidas e maior suscetibilidade a certas doenças.

Fontes de selénio: O teor de selénio no solo varia muito em todo o mundo, o que leva a variações nos níveis de selénio encontrados nas culturas e, em última análise, nos alimentos para animais. Em regiões com solos deficientes em selénio, o gado pode não receber selénio adequado através da sua dieta. Para resolver este problema, o selénio pode ser suplementado nos alimentos para animais utilizando aditivos enriquecidos com selénio ou incorporando ingredientes ricos em selénio na dieta animal.

Métodos de suplementação: O selénio pode ser suplementado nos alimentos para animais através de diferentes métodos, incluindo fontes de selénio inorgânicas e orgânicas. Os compostos inorgânicos de selénio, como o selenito de sódio ou o selenato de sódio, são normalmente utilizados devido à sua estabilidade e à sua relação custo-eficácia. As formas orgânicas de selénio, como a selenometionina ou a selenocisteína, são formas naturais encontradas nas plantas e são consideradas como tendo maior biodisponibilidade e melhor retenção nos tecidos animais.

Considerações sobre a biodisponibilidade: A biodisponibilidade do selénio depende da fonte e da forma química do selénio utilizado. As formas orgânicas de selénio são geralmente mais biodisponíveis e prontamente utilizadas pelos animais em comparação com as formas inorgânicas. No entanto, a biodisponibilidade pode também variar consoante a espécie animal, a idade e o estado fisiológico. Factores como a saúde intestinal, interações com outros componentes da dieta e a presença de minerais antagónicos como o enxofre podem influenciar a absorção e utilização do selénio.

Monitorização e regulamentação: É crucial monitorizar os níveis de selénio nos animais e nos seus produtos para garantir a sua suficiência e segurança. Testes regulares do conteúdo de selénio nos tecidos animais, como amostras de sangue ou fígado, ajudam a avaliar a eficácia da suplementação de selénio e a prevenir potenciais toxicidades. As autoridades reguladoras estabelecem frequentemente limites máximos permitidos para o selénio nos alimentos para animais e produtos alimentares para evitar a ingestão excessiva de selénio.

Benefícios para a saúde humana: O consumo de produtos de origem animal enriquecidos com selénio pode contribuir para combater a deficiência de selénio nos seres humanos. A ingestão adequada de selénio é importante para a saúde humana, uma vez que apoia as defesas antioxidantes, a função imunitária, a função da tiroide e a saúde reprodutiva. A deficiência de selénio tem sido associada ao aumento do risco de certas doenças, incluindo doenças cardiovasculares, certos tipos de cancro e distúrbios da tiroide. Ao aumentar o teor de selénio nos produtos alimentares de origem animal, a biofortificação pode ajudar a melhorar o estado nutricional do selénio nos seres humanos.

De um modo geral, a biofortificação dos alimentos para animais com selénio é uma estratégia valiosa para promover a saúde animal e, simultaneamente, combater a deficiência de selénio nos seres humanos. Requer uma cuidadosa consideração dos métodos de suplementação, dosagem e monitorização para garantir níveis óptimos de selénio para o bem-estar animal e humano.

Selénio e Defesa Antioxidante: O selénio é parte integrante de várias selenoproteínas, incluindo glutatião peroxidases e tioredoxina redutases, que estão envolvidas nos mecanismos de defesa antioxidante. Estas selenoproteínas ajudam a proteger as células dos danos oxidativos, neutralizando os radicais livres nocivos. Ao fortificar os alimentos para animais com selénio, a capacidade antioxidante dos animais pode ser aumentada, levando a uma melhoria da saúde geral e à redução do stress oxidativo.

Níveis de selénio no solo: O teor de selénio no solo é influenciado por vários factores, incluindo as condições geológicas, o clima e as práticas agrícolas. Em regiões com níveis naturalmente baixos de selénio no solo, as culturas cultivadas nesses solos podem ter um teor insuficiente de selénio. Esta deficiência é depois transmitida aos animais que consomem estas culturas como alimento. A biofortificação dos alimentos para animais com selénio pode ajudar a ultrapassar as limitações do baixo teor de selénio no solo, garantindo que os animais recebem selénio adequado para a sua saúde e produtividade.

Espécies animais alvo: As necessidades específicas de suplementação com selénio podem variar entre as diferentes espécies animais. Por exemplo, as aves de capoeira e os suínos têm maiores necessidades de selénio do que os ruminantes, como os bovinos e os ovinos. As espécies animais alvo devem ser tidas em conta ao formular aditivos para a alimentação animal enriquecidos com selénio ou ao determinar os níveis adequados de suplementação com selénio.

Considerações ambientais: A biofortificação com selénio deve ser abordada com precaução para evitar potenciais impactos ambientais. O excesso de selénio nos resíduos animais pode levar à contaminação ambiental, particularmente em áreas com ecossistemas sensíveis. A gestão adequada dos resíduos e a utilização responsável da suplementação com selénio são importantes para minimizar quaisquer efeitos adversos no ambiente.

Nutrientes sinérgicos: O metabolismo do selénio está interligado com outros nutrientes, como a vitamina E. A vitamina E actua em sinergia com o selénio para aumentar a proteção antioxidante em animais e humanos. Por conseguinte, pode ser benéfico considerar a suplementação combinada de selénio e vitamina E para maximizar os seus benefícios.

Programas de saúde pública: A biofortificação de alimentos para animais com selénio pode ser integrada em programas de saúde pública destinados a combater as deficiências de micronutrientes. Ao focar o conteúdo de selénio em produtos derivados de animais, como a carne, o leite e os ovos, estes programas podem contribuir para melhorar a ingestão de selénio e reduzir os problemas de saúde relacionados com a deficiência em populações vulneráveis.

Investigação e inovação: A investigação e a inovação contínuas no campo da biofortificação com selénio são importantes para otimizar as estratégias de suplementação, melhorar a biodisponibilidade e minimizar quaisquer riscos potenciais associados à ingestão excessiva de selénio. Isto inclui a exploração de fontes alternativas de selénio, o estudo das interações entre o selénio e outros nutrientes e o desenvolvimento de métodos precisos para a análise do selénio.

Em resumo, a biofortificação dos alimentos para animais com selénio é uma abordagem multidimensional que requer uma consideração cuidadosa de factores como os níveis de selénio no solo, as espécies animais, a biodisponibilidade, a monitorização e o impacto ambiental. Ao abordar a deficiência de selénio nos animais, esta estratégia pode contribuir para melhorar a saúde animal, reforçar as defesas antioxidantes e a produção de produtos derivados de animais enriquecidos com selénio que beneficiam a nutrição e a saúde humanas.

Selénio e função imunitária: O selénio desempenha um papel crucial na função imunitária, uma vez que apoia a ativação e a função das células imunitárias. Ajuda a regular a inflamação, aumenta a produção de anticorpos e promove a atividade das enzimas do sistema imunitário. Ao garantir uma ingestão adequada de selénio através da biofortificação, os animais podem ter um sistema imunitário reforçado, o que leva a uma maior resistência contra infecções e doenças.

Selénio e saúde reprodutiva: O selénio é essencial para a saúde reprodutiva, tanto em animais como em humanos. Está envolvido na produção de esperma, no desenvolvimento do óvulo e na viabilidade do embrião. A deficiência de selénio pode resultar numa diminuição da fertilidade, da eclodibilidade e do número de perturbações reprodutivas. A biofortificação dos alimentos para animais com selénio pode ajudar a enfrentar estes desafios reprodutivos, conduzindo a um melhor desempenho reprodutivo dos animais e a taxas de fertilidade potencialmente mais elevadas nas populações pecuárias.

O selénio e a saúde dos peixes: Na aquacultura, a biofortificação com selénio pode ser particularmente importante para a saúde dos peixes. A deficiência de selénio nos peixes pode levar a vários problemas de saúde, incluindo a erosão das barbatanas, o crescimento prejudicado e a redução do sucesso reprodutivo. Ao incorporar aditivos alimentares ricos em selénio, tais como leveduras enriquecidas com selénio ou ingredientes à base de plantas, a saúde dos peixes e o seu desempenho geral podem ser melhorados.

Selénio e qualidade da carne: A biofortificação com selénio dos alimentos para animais pode ter efeitos positivos nos atributos de qualidade da carne. A ingestão adequada de selénio nos animais tem sido associada a uma melhor maciez da carne, à redução da perda por gotejamento e a um melhor sabor. Isto pode contribuir para a satisfação do consumidor e para a competitividade dos produtos derivados de animais no mercado.

Biofortificação de múltiplos micronutrientes: A biofortificação com selénio pode ser combinada com a biofortificação de outros micronutrientes essenciais, como o zinco, o ferro e a vitamina A, para resolver simultaneamente as deficiências de vários micronutrientes. Esta abordagem integrada, conhecida como biofortificação de múltiplos micronutrientes, tem como objetivo melhorar a qualidade nutricional global dos produtos derivados de animais e melhorar os resultados em termos de saúde, tanto dos animais como dos seres humanos.

Benefícios económicos: A biofortificação com selénio pode ter benefícios económicos para os produtores de gado. Ao melhorar a saúde e a produtividade dos animais, como as taxas de crescimento, a produção de leite e o desempenho reprodutivo, a biofortificação pode contribuir para aumentar a rentabilidade e a sustentabilidade das operações pecuárias. Além disso, o maior valor nutricional dos produtos derivados de animais enriquecidos com selénio pode oferecer vantagens de mercado e oportunidades de preços mais elevados.

Sensibilização e educação dos consumidores: A sensibilização e a educação dos consumidores para a importância do selénio nos produtos de origem animal são cruciais. A promoção dos benefícios nutricionais da biofortificação com selénio e do seu impacto positivo na saúde humana pode ajudar a criar procura de produtos enriquecidos com selénio e incentivar as escolhas dos consumidores que apoiam uma melhor nutrição.

Em conclusão, a biofortificação com selénio dos alimentos para animais é uma abordagem abrangente que tem um impacto positivo na saúde animal, no desempenho reprodutivo, na qualidade da carne e na função imunitária. Oferece oportunidades para resolver deficiências múltiplas de micronutrientes, aumentar a viabilidade económica e promover a sensibilização dos consumidores para a saúde. A investigação em curso, a colaboração entre as partes interessadas e estratégias de implementação eficazes são fundamentais para aproveitar o potencial da biofortificação com selénio e as suas implicações positivas para o bem-estar animal e humano.

Selénio e prevenção do cancro: O selénio tem sido estudado pelo seu potencial papel na prevenção do cancro. A ingestão adequada de selénio tem sido associada a um risco reduzido de certos tipos de cancro, incluindo o cancro da próstata, colorrectal e do pulmão. A biofortificação dos alimentos para animais com selénio pode contribuir para o aumento dos níveis de selénio nos produtos derivados de animais, oferecendo potencialmente efeitos protectores contra o cancro quando consumidos por humanos.

Selénio e função da tiroide: O selénio é essencial para a função adequada da tiroide e para a síntese das hormonas da tiroide. As hormonas da tiroide desempenham um papel fundamental na regulação do metabolismo, crescimento e desenvolvimento. A deficiência de selénio pode levar à disfunção da tiroide, incluindo condições como bócio e produção deficiente de hormonas da tiroide. Ao assegurar uma ingestão adequada de selénio através da biofortificação, os animais podem manter uma função tiroideia óptima, o que é importante para a sua saúde e produtividade gerais.

Selénio e saúde neurológica: O selénio tem sido implicado na saúde neurológica e na função cognitiva. Níveis adequados de selénio têm sido associados a um melhor desempenho cognitivo e a um risco reduzido de doenças neurodegenerativas, como as doenças de Alzheimer e de Parkinson. Ao incorporar o selénio nos alimentos para animais, a biofortificação pode contribuir para a produção de carne rica em selénio e de outros produtos que podem beneficiar a saúde neurológica dos seres humanos.

Selénio e saúde cardiovascular: O selénio desempenha um papel na saúde cardiovascular, apoiando as defesas antioxidantes, reduzindo a inflamação e melhorando a função dos vasos sanguíneos. A ingestão adequada de selénio tem sido associada a um risco reduzido de doenças cardiovasculares, incluindo doenças cardíacas e acidentes vasculares cerebrais. Ao biofortificar os alimentos para animais com selénio, o teor de selénio nos produtos derivados de animais pode ser aumentado, proporcionando potencialmente benefícios para a saúde cardiovascular dos consumidores.

Biofortificação sustentável do selénio: As práticas sustentáveis na biofortificação com selénio são essenciais para minimizar o impacto ambiental e otimizar a utilização dos recursos. Isto inclui considerações como o fornecimento responsável de suplementos de selénio, a utilização eficiente do selénio nas dietas dos animais e a gestão adequada dos resíduos. As práticas de biofortificação sustentáveis contribuem para a gestão ambiental a longo prazo e garantem a viabilidade dos programas de biofortificação com selénio.

Diretrizes regulamentares: As orientações e normas regulamentares desempenham um papel crucial para garantir a segurança e a eficácia da biofortificação com selénio. As autoridades reguladoras fornecem recomendações sobre os níveis de suplementação de selénio na alimentação animal e estabelecem limites máximos permitidos para o selénio em produtos derivados de animais. O cumprimento destas diretrizes ajuda a manter a qualidade dos produtos, a segurança dos consumidores e apoia o comércio e os esforços de harmonização internacional.

Colaboração e partilha de conhecimentos: A colaboração entre as partes interessadas, incluindo investigadores, decisores políticos, agricultores e profissionais da indústria, é importante para o sucesso da implementação de programas de biofortificação com selénio. A partilha de conhecimentos, melhores práticas e resultados de investigação fomenta a inovação, facilita o desenvolvimento de estratégias eficazes e promove a adoção da biofortificação com selénio a uma escala mais alargada.

Impacto nas populações vulneráveis: A deficiência de selénio tende a afetar mais gravemente as populações vulneráveis, como as mulheres grávidas, os bebés e os idosos. A biofortificação dos alimentos para animais com selénio pode ter um impacto significativo nestas populações, melhorando o estado de selénio dos produtos derivados de animais, que são importantes fontes de nutrição para elas.

Monitorização e avaliação: O monitoramento e a avaliação contínuos dos programas de biofortificação com selênio são cruciais para avaliar a eficácia e o impacto das intervenções. A monitorização dos níveis de selénio em animais, alimentos para animais e produtos derivados de animais, bem como a avaliação do estado nutricional e dos resultados de saúde nas populações-alvo, ajudam a garantir o sucesso e a responsabilidade das iniciativas de biofortificação.

Iniciativas globais: A biofortificação com selénio faz parte dos esforços globais para combater a desnutrição e melhorar a segurança alimentar. Organizações como a Organização para a Alimentação e Agricultura (FAO) e a Organização Mundial de Saúde (OMS) apoiam programas de biofortificação e fornecem orientação sobre a implementação e avaliação dessas iniciativas. A colaboração a nível global ajuda a partilhar experiências, a trocar conhecimentos e a fazer avançar o campo da biofortificação com selénio.

Em resumo, a biofortificação dos alimentos para animais com selénio oferece numerosos benefícios potenciais para a saúde animal, a nutrição humana e a prevenção de doenças. O papel do selénio na prevenção do cancro, na função da tiroide, na saúde neurológica e na saúde cardiovascular realça a sua importância como nutriente essencial. Práticas sustentáveis, diretrizes regulamentares, colaboração e monitorização são factores-chave para garantir o sucesso e o impacto dos programas de biofortificação com selénio. Ao abordar a deficiência de selénio, a biofortificação contribui para melhorar o bem-estar geral dos animais e dos seres humanos.

Selénio e desenvolvimento muscular: O selénio desempenha um papel no desenvolvimento e na função muscular. Está envolvido na síntese e metabolismo das proteínas, que são essenciais para o crescimento e reparação muscular. A ingestão adequada de selénio através da biofortificação pode contribuir para um melhor desenvolvimento muscular dos animais, resultando em taxas de crescimento e qualidade da carne mais elevadas.

Selénio e qualidade dos ovos: A biofortificação com selénio pode ter efeitos positivos na qualidade dos ovos das aves de capoeira. Foi demonstrado que as dietas enriquecidas com selénio para galinhas poedeiras melhoram a qualidade da casca do ovo, reduzem a quebra dos ovos e aumentam a eclodibilidade. Isto pode levar a um aumento da produção de ovos de alta qualidade, beneficiando tanto os produtores como os consumidores.

Selénio e produção de leite: O selénio desempenha um papel significativo na saúde das vacas leiteiras e na produção de leite. A ingestão adequada de selénio tem sido associada a uma melhor fertilidade, redução da incidência de mastite e aumento da produção de leite. Ao biofortificar os alimentos com selénio, os produtores de leite podem aumentar a produtividade e a saúde geral das suas vacas, resultando num aumento da produção e da qualidade do leite.

Selénio e redução de antibióticos: A biofortificação com selénio tem mostrado potencial para reduzir a necessidade de utilização de antibióticos na produção animal. O papel do selénio na função imunitária e na resistência às doenças pode ajudar a melhorar a saúde animal, reduzindo a incidência de infecções e a dependência de antibióticos. Isto alinha-se com os esforços para promover o uso responsável de antibióticos na produção animal.

Selénio e stress ambiental: A biofortificação com selénio pode ajudar os animais a enfrentar os factores de stress ambiental. Os factores de stress ambiental, como o calor, o frio e o transporte, podem aumentar o stress oxidativo e comprometer a saúde dos animais. As propriedades antioxidantes do selénio podem ajudar a atenuar os efeitos negativos destes factores de stress, promovendo uma melhor adaptação e resistência dos animais.

Formas de Selénio e Biodisponibilidade: As diferentes formas de suplementação com selénio podem variar na sua biodisponibilidade e eficácia. As formas orgânicas de selénio, como a selenometionina e a selenocisteína, são geralmente mais biodisponíveis e facilmente absorvidas pelos animais do que as formas inorgânicas. Deve ter-se em consideração a seleção das fontes de selénio e a formulação dos aditivos para a alimentação animal, a fim de otimizar a biodisponibilidade e garantir uma biofortificação eficaz com selénio.

Selénio e correcções do solo: Para além da suplementação direta dos alimentos para animais, a biofortificação com selénio pode também envolver alterações no solo. Os fertilizantes enriquecidos com selénio ou os tratamentos do solo podem ser utilizados para aumentar indiretamente o teor de selénio nas culturas. Esta abordagem pode ser particularmente útil em regiões com níveis naturalmente baixos de selénio no solo, onde a biofortificação direta dos alimentos para animais pode ser um desafio.

O Selénio e os Ecossistemas Aquáticos: A biofortificação com selénio pode estender-se para além dos animais terrestres às espécies aquáticas. Na aquacultura, a suplementação com selénio pode melhorar o crescimento, a função imunitária e o desempenho reprodutivo de peixes e mariscos. A dosagem e monitorização adequadas são essenciais para evitar a acumulação excessiva de selénio nos ecossistemas aquáticos e garantir a sustentabilidade ambiental.

Selénio e segurança alimentar: A biofortificação com selénio deve ter em conta os aspectos da segurança alimentar. Embora o selénio seja um nutriente essencial, a ingestão excessiva de selénio pode ter efeitos tóxicos. É importante estabelecer limites máximos de segurança para a suplementação com selénio e monitorizar os níveis de selénio nos produtos de origem animal para garantir que se mantêm dentro de intervalos aceitáveis para o consumo humano.

Direcções futuras: Espera-se que a investigação contínua e a inovação na biofortificação com selénio façam avançar ainda mais este campo. Isto inclui a exploração de novas fontes de selénio, tais como plantas ou microrganismos enriquecidos com selénio, e o desenvolvimento de sistemas de distribuição específicos para otimizar a absorção e utilização do selénio nos animais. Os avanços na seleção genética e nas técnicas de reprodução podem também contribuir para o desenvolvimento de raças animais eficientes em termos de selénio.

Em conclusão, a biofortificação com selénio dos alimentos para animais oferece uma vasta gama de benefícios, incluindo um melhor desenvolvimento muscular, qualidade dos ovos, produção de leite e redução do uso de antibióticos. Pode ajudar os animais a lidar com os factores de stress ambiental e contribuir para uma produção animal sustentável. A consideração das formas de selénio, a biodisponibilidade, as alterações do solo e os aspectos de segurança alimentar são importantes para uma biofortificação eficaz e responsável. A investigação em curso e os desenvolvimentos futuros continuarão a melhorar a nossa compreensão e aplicação da biofortificação com selénio na nutrição animal e na saúde humana.

Selénio e defesa antioxidante: O selénio é um componente chave de várias enzimas antioxidantes, incluindo glutatião peroxidases e tioredoxina redutases. Estas enzimas ajudam a neutralizar os radicais livres nocivos e protegem as células dos danos oxidativos. A biofortificação dos alimentos para animais com selénio pode melhorar o sistema de defesa antioxidante dos animais, reduzindo o stress oxidativo e promovendo a saúde geral.

Selénio e saúde óssea: O selénio desempenha um papel na manutenção da saúde e integridade dos ossos. Contribui para a formação e mineralização dos ossos, e a deficiência de selénio tem sido associada a distúrbios ósseos como a osteoporose. Ao assegurar uma ingestão adequada de selénio através da biofortificação, os animais podem manter uma saúde óssea óptima, o que é particularmente importante para os animais em crescimento e para os reprodutores.

Selénio e qualidade das penas: Na produção de aves de capoeira, a biofortificação com selénio pode ter efeitos positivos na qualidade das penas. Foi demonstrado que as dietas enriquecidas com selénio para aves de capoeira melhoram a resistência das penas, a pigmentação e a resistência à bicagem das penas. Isto pode levar a uma melhor cobertura das penas, à redução da perda de penas e à melhoria do bem-estar dos bandos de aves de capoeira.

O Selénio e a Saúde das Aves Aquáticas: A biofortificação com selénio é importante para as espécies de aves aquáticas, como os patos e os gansos, uma vez que estas têm maiores necessidades de selénio do que outras aves de capoeira. A deficiência de selénio nas aves aquáticas pode levar a vários problemas de saúde, incluindo um crescimento deficiente, uma produção reduzida de ovos e uma maior suscetibilidade a doenças. A biofortificação dos alimentos para animais pode ajudar a satisfazer as suas necessidades de selénio e apoiar a sua saúde e produtividade.

Selénio e nutrição de ruminantes: Os animais ruminantes, como o gado bovino e ovino, têm sistemas digestivos únicos que podem influenciar a absorção e utilização do selénio. A biofortificação com selénio na nutrição de ruminantes requer uma consideração cuidadosa de factores como as interações microbianas do rúmen, as formas de selénio e os níveis de enxofre na dieta. A formulação adequada e as práticas de gestão são cruciais para garantir um estado ótimo de selénio nos ruminantes.

O selénio e os factores ambientais: Os factores ambientais, como os níveis de selénio no solo e a localização geográfica, podem influenciar o teor de selénio nos alimentos para animais. Os programas de biofortificação com selénio devem ter em conta as variações regionais na disponibilidade de selénio no solo e adaptar as estratégias de suplementação em conformidade. A monitorização regular dos níveis de selénio no solo e o ajuste da suplementação podem ajudar a manter resultados consistentes de biofortificação com selénio.

Selénio e toxicidade aquática: Embora o selénio seja essencial em pequenas quantidades, a ingestão excessiva de selénio pode levar à toxicidade, particularmente nos ecossistemas aquáticos. A biofortificação com selénio deve ser cuidadosamente gerida para evitar a acumulação de selénio nas massas de água e potenciais danos para os organismos aquáticos. As melhores práticas de gestão, a monitorização da qualidade da água e o cumprimento das orientações regulamentares são essenciais para evitar problemas ecológicos relacionados com o selénio.

Selénio e alterações climáticas: As alterações climáticas podem ter impacto na disponibilidade e distribuição do selénio no ambiente. As alterações nos padrões de precipitação, na composição do solo e no crescimento das plantas podem afetar os níveis de selénio nas culturas alimentares. Compreender os efeitos potenciais das alterações climáticas na biofortificação com selénio é importante para a adaptação e desenvolvimento de estratégias resilientes que garantam uma ingestão consistente de selénio pelos animais.

O Selénio e os Desafios Globais da Nutrição: A deficiência de selénio continua a ser um problema de saúde global significativo, particularmente em regiões onde os alimentos ricos em selénio são limitados. A biofortificação com selénio pode contribuir para enfrentar este desafio nutricional, melhorando o teor de selénio nos produtos derivados de animais, que são importantes fontes de nutrição, especialmente em populações vulneráveis.

Abordagens integradas: A biofortificação com selénio pode ser integrada em programas agrícolas e nutricionais mais amplos para enfrentar vários desafios em simultâneo. As abordagens integradas podem envolver colaborações entre sectores como a agricultura, a nutrição e a saúde pública, com o objetivo de melhorar a ingestão de selénio, mitigar a desnutrição e melhorar o bem-estar geral.

Em resumo, a biofortificação com selénio dos alimentos para animais desempenha um papel vital em vários aspectos da saúde animal, incluindo a defesa antioxidante, a saúde óssea, a qualidade das penas e a nutrição das aves aquáticas. A consideração de factores como a nutrição dos ruminantes, as influências ambientais e o potencial de toxicidade aquática é crucial para uma biofortificação responsável. A biofortificação com selénio também se cruza com os desafios globais da nutrição e pode ser integrada em abordagens abrangentes para tratar de várias questões. A investigação, a monitorização e a colaboração contínuas são fundamentais para fazer avançar as práticas de biofortificação com selénio e melhorar ainda mais os resultados em termos de saúde animal e humana.

Selénio e função imunitária: O selénio é essencial para o bom funcionamento do sistema imunitário dos animais. Desempenha um papel crucial na ativação e regulação das células imunitárias, bem como na produção de anticorpos. A ingestão adequada de selénio através de alimentos biofortificados pode aumentar as respostas imunitárias, melhorar a resistência a doenças e reduzir a suscetibilidade a infecções nos animais.

Selénio e saúde reprodutiva: A biofortificação com selénio tem implicações positivas para a saúde reprodutiva dos animais. O selénio está envolvido em vários aspectos da reprodução, incluindo a qualidade do esperma, a fertilidade e o desenvolvimento embrionário. A ingestão adequada de selénio pode melhorar o desempenho reprodutivo, aumentar as taxas de conceção e reduzir os distúrbios reprodutivos tanto nos machos como nas fêmeas.

Selénio e resistência ao stress: A biofortificação com selénio pode ajudar os animais a lidar com factores de stress, incluindo o stress térmico, o stress de transporte e as doenças. O papel do selénio na defesa antioxidante e na função imunitária contribui para aumentar a resistência ao stress e melhorar o bem-estar geral dos animais sujeitos a condições de stress.

Selénio e saúde dos peixes: A biofortificação com selénio é particularmente relevante na aquacultura, onde a saúde e a produtividade dos peixes são preocupações fundamentais. As dietas enriquecidas com selénio para peixes podem melhorar as taxas de crescimento, a eficiência alimentar e a resistência às doenças. Também aumenta o valor nutricional dos peixes cultivados, uma vez que o selénio é um micronutriente essencial para a saúde humana.

Selénio e conservação da vida selvagem: A biofortificação com selénio pode ter aplicações nos esforços de conservação da vida selvagem. Em programas de reprodução em cativeiro ou centros de reabilitação, o fornecimento de alimentos biofortificados a espécies em perigo ou ameaçadas pode ajudar a melhorar o seu sucesso reprodutivo, saúde geral e hipóteses de sobrevivência quando reintroduzidas na natureza.

O Selénio e a Saúde Humana: A biofortificação de produtos de origem animal com selénio tem implicações importantes para a nutrição humana. O selénio é um micronutriente essencial para a saúde humana, desempenhando um papel na defesa antioxidante, na função da tiroide, na resposta imunitária e na saúde reprodutiva. O consumo de produtos de origem animal enriquecidos com selénio pode ajudar a colmatar as deficiências de selénio e melhorar o bem-estar humano.

Selénio e segurança nutricional: A biofortificação com selénio contribui para a segurança nutricional ao aumentar a disponibilidade de alimentos ricos em selénio. Isto é particularmente importante em regiões onde a deficiência de selénio é prevalecente e o acesso a diversas fontes de nutrientes é limitado. Ao melhorar o teor de selénio nos produtos derivados de animais, a biofortificação ajuda a garantir uma dieta mais equilibrada e nutritiva para as comunidades.

Selénio e agricultura sustentável: A biofortificação com selénio alinha-se com os princípios da agricultura sustentável. Ao otimizar a utilização dos nutrientes e reduzir os resíduos, a biofortificação pode aumentar a eficiência dos sistemas de produção animal. Também minimiza os impactos ambientais associados à suplementação excessiva de selénio, assegurando práticas agrícolas responsáveis.

Selénio e benefícios económicos: A biofortificação com selénio pode ter benefícios económicos para os agricultores e produtores. A melhoria da saúde animal, das taxas de crescimento, do desempenho reprodutivo e da qualidade dos produtos pode levar a uma maior rentabilidade e competitividade no mercado. Além disso, os produtos animais enriquecidos com selénio podem obter preços mais elevados nos mercados onde a procura de alimentos nutritivos e de alta qualidade por parte dos consumidores está a aumentar.

O selénio e as considerações regulamentares: A biofortificação com selénio está sujeita a considerações regulamentares para garantir a sua segurança e eficácia. As agências reguladoras estabelecem diretrizes e níveis máximos permitidos para a suplementação de selénio nos alimentos para animais e monitorizam os níveis de selénio nos produtos alimentares. O cumprimento desses regulamentos é importante para garantir a segurança do consumidor e manter a confiança do público.

Em conclusão, a biofortificação com selénio dos alimentos para animais oferece inúmeras vantagens, incluindo uma melhor função imunitária, saúde reprodutiva, resistência ao stress e produção de peixe. Tem implicações para a conservação da vida selvagem, saúde humana, segurança nutricional e agricultura sustentável. Os benefícios económicos podem ser obtidos através do aumento da produtividade e da atração pelo mercado de produtos enriquecidos com selénio. O cumprimento das normas regulamentares garante a segurança e a eficácia da biofortificação com selénio. De um modo geral, a biofortificação com selénio é uma estratégia valiosa para promover a saúde animal e humana, ao mesmo tempo que responde a desafios nutricionais em vários sectores.

Selénio e prevenção do cancro: O selénio é conhecido pelo seu potencial papel na prevenção do cancro. A ingestão adequada de selénio tem sido associada a um risco reduzido de certos tipos de cancro, incluindo o cancro da próstata, colorrectal e do pulmão. A biofortificação de alimentos para animais com selénio pode contribuir para aumentar os níveis de selénio em produtos derivados de animais, fornecendo uma fonte alimentar de selénio que pode ajudar a reduzir o risco de cancro nos seres humanos.

O Selénio e a Saúde Mental: A investigação emergente sugere uma potencial ligação entre o selénio e a saúde mental. O selénio está envolvido na produção e no metabolismo de neurotransmissores, como a serotonina, que desempenham um papel crucial na regulação do humor. A deficiência de selénio tem sido associada a um risco acrescido de perturbações do humor, incluindo depressão e ansiedade. A biofortificação dos alimentos para animais pode ajudar a garantir uma ingestão óptima de selénio, apoiando potencialmente o bem-estar mental tanto dos animais como dos seres humanos.

Selénio e desempenho atlético: A biofortificação com selénio pode ter implicações no desempenho atlético dos animais. O selénio está envolvido na função muscular, no metabolismo energético e na defesa antioxidante, todos eles importantes para um desempenho atlético ótimo. Garantir a ingestão adequada de selénio através de alimentos biofortificados pode apoiar a saúde muscular, a recuperação após o exercício e o desempenho atlético geral dos animais.

O selénio e a resistência aos antibióticos: A resistência aos antibióticos é uma preocupação de saúde global, e estão a ser exploradas estratégias alternativas para reduzir a utilização de antibióticos na produção animal. A biofortificação com selénio tem sido proposta como uma abordagem potencial para melhorar o sistema imunitário e reduzir a dependência de antibióticos. Ao melhorar as respostas imunitárias e a resistência às doenças, a biofortificação com selénio pode contribuir para a redução global da utilização de antibióticos na pecuária.

Selénio e sustentabilidade ambiental: A biofortificação com selénio pode ter implicações positivas para a sustentabilidade ambiental. Ao otimizar a suplementação de selénio nas dietas dos animais, o potencial de excreção excessiva de selénio para o ambiente pode ser minimizado. Isto ajuda a prevenir a poluição por selénio nas massas de água e protege os ecossistemas de efeitos adversos.

As práticas responsáveis de biofortificação contribuem para a sustentabilidade global dos sistemas agrícolas.

O Selénio e a Expressão Genética: O selénio desempenha um papel na regulação da expressão genética através do seu envolvimento nas selenoproteínas, que são proteínas que contêm selénio. As selenoproteínas têm diversas funções, incluindo a atividade antioxidante, o metabolismo das hormonas da tiroide e a modulação imunitária. A biofortificação com selénio pode influenciar os padrões de expressão genética, conduzindo potencialmente a melhores resultados em termos de saúde nos animais.

O Selénio e o Enriquecimento da Cadeia Alimentar: A biofortificação com selénio pode levar ao enriquecimento com selénio ao longo da cadeia alimentar. Quando os animais consomem alimentos enriquecidos com selénio, acumulam selénio nos seus tecidos, que é depois transmitido aos consumidores através do consumo de produtos derivados de animais. Este enriquecimento assegura uma maior disponibilidade de alimentos ricos em selénio, contribuindo para uma melhor nutrição das populações humanas.

O Selénio e as Intervenções de Saúde Pública: A biofortificação com selénio alinha-se com as intervenções de saúde pública destinadas a combater as deficiências nutricionais. Ao incorporar a biofortificação com selénio nos sistemas de produção alimentar, torna-se possível atingir uma população maior com uma melhor ingestão de selénio. Esta abordagem complementa outras estratégias, como a fortificação de alimentos e programas de suplementação para combater as deficiências de nutrientes.

Selénio e agricultura inteligente face ao clima: A biofortificação com selénio pode ser integrada em iniciativas de agricultura inteligente face ao clima. A agricultura climaticamente inteligente tem como objetivo promover sistemas de produção alimentar sustentáveis que sejam resistentes às alterações climáticas, minimizando os impactos ambientais. A biofortificação com selénio, ao otimizar a utilização de nutrientes e reduzir os resíduos, contribui para os princípios da agricultura inteligente face ao clima.

O selénio e os avanços da investigação: A investigação em curso no domínio da biofortificação com selénio continua a fazer avançar a nossa compreensão dos seus benefícios e aplicações. Os cientistas estão a explorar abordagens inovadoras, como os sistemas de administração de selénio baseados na nanotecnologia, para melhorar a biodisponibilidade e a eficácia. Além disso, os estudos estão a investigar os potenciais efeitos sinérgicos do selénio com outros compostos bioactivos, expandindo ainda mais as possibilidades da biofortificação com selénio.

Em resumo, a biofortificação com selénio dos alimentos para animais oferece benefícios potenciais na prevenção do cancro, na saúde mental, no desempenho atlético e na redução da resistência aos antibióticos. A sustentabilidade ambiental, a expressão genética e o enriquecimento da cadeia alimentar são considerações adicionais. A biofortificação com selénio alinha-se com as intervenções de saúde pública, a agricultura inteligente em termos climáticos e os avanços da investigação em curso. Globalmente, a biofortificação com selénio representa uma abordagem multifacetada com implicações de longo alcance para a saúde animal e humana, a sustentabilidade ambiental e sistemas agrícolas.

Selénio e defesa antioxidante: O selénio é um componente vital de várias enzimas antioxidantes, como as glutationas peroxidases e as tioredoxinas redutoras. Estas enzimas desempenham um papel crucial na neutralização dos radicais livres nocivos e na proteção das células contra os danos oxidativos. A biofortificação dos alimentos para animais com selénio melhora o sistema de defesa antioxidante dos animais, reduzindo o stress oxidativo e promovendo a saúde geral.

Selénio e saúde óssea: O selénio está envolvido no metabolismo do tecido ósseo e na manutenção da saúde óssea. Interage com outros minerais, como o cálcio e o fósforo, para apoiar a formação e mineralização adequadas dos ossos. A ingestão adequada de selénio através de alimentos biofortificados pode contribuir para um desenvolvimento ótimo do esqueleto e reduzir o risco de doenças relacionadas com os ossos nos animais.

O selénio e a saúde do coração: A biofortificação com selénio tem implicações para a saúde cardiovascular. O selénio está envolvido na síntese e no metabolismo das hormonas da tiroide, que desempenham um papel na manutenção da função cardíaca. Além disso, as propriedades antioxidantes do selénio ajudam a proteger o sistema cardiovascular dos danos oxidativos. Ao assegurar uma ingestão suficiente de selénio, os alimentos biofortificados podem apoiar a saúde cardíaca dos animais.

Selénio e produção de leite: A biofortificação com selénio pode aumentar a produção e a qualidade do leite em animais leiteiros. A ingestão adequada de selénio promove a saúde do úbere, melhora a produção de leite e aumenta o conteúdo antioxidante do leite. O leite enriquecido com selénio pode fornecer benefícios nutricionais adicionais aos consumidores, contribuindo para a sua ingestão de selénio e bem-estar geral.

Selénio e qualidade dos ovos: A biofortificação com selénio pode melhorar a qualidade dos ovos das aves de capoeira. O selénio desempenha um papel na formação da casca do ovo, na fertilidade e na eclodibilidade. A ingestão adequada de selénio através de alimentos biofortificados pode resultar em cascas de ovos mais fortes, taxas de eclosão mais elevadas e melhor qualidade dos pintos, beneficiando tanto os produtores como os consumidores de aves de capoeira.

Selénio e qualidade da carne: A biofortificação com selénio pode ter um impacto positivo na qualidade da carne dos animais. O selénio está envolvido no desenvolvimento muscular, na cor da carne e na estabilidade oxidativa. Níveis mais elevados de selénio em alimentos biofortificados podem resultar em produtos de carne com melhor maciez, cor e prazo de validade, satisfazendo as exigências dos consumidores por carne nutritiva e de alta qualidade.

Selénio e remediação ambiental: A biofortificação com selénio tem o potencial de ajudar nos esforços de recuperação ambiental. O selénio é um elemento natural que se encontra no solo e a acumulação excessiva de selénio em certas regiões pode ser prejudicial para os ecossistemas. Ao otimizar a suplementação de selénio nas dietas dos animais, a biofortificação pode ajudar a mitigar o selénio desequilíbrios nas áreas afectadas e promover a sustentabilidade ambiental.

O Selénio e os Objectivos Globais de Nutrição: A biofortificação com selénio alinha-se com os objectivos globais de nutrição, incluindo os definidos por organizações como a Organização Mundial de Saúde (OMS) e a Organização das Nações Unidas (ONU). Estes objectivos visam combater a subnutrição, melhorar a segurança alimentar e melhorar a saúde pública. Ao incorporar a biofortificação com selénio nas práticas agrícolas, os países podem contribuir para alcançar estes objectivos e melhorar o estado nutricional das suas populações.

O selénio e a sensibilização dos consumidores: É essencial sensibilizar os consumidores para os benefícios da biofortificação com selénio. A sensibilização do público para a importância do selénio na nutrição animal e humana, bem como para o impacto positivo dos produtos biofortificados, pode impulsionar a procura desses produtos e incentivar a sua incorporação nos regimes alimentares. As iniciativas de sensibilização dos consumidores podem desempenhar um papel vital na promoção da adoção de práticas de biofortificação com selénio.

O selénio e a colaboração: A colaboração entre várias partes interessadas, incluindo investigadores, agricultores, decisores políticos e agentes da indústria, é crucial para o sucesso da implementação de programas de biofortificação com selénio. Ao trabalharem em conjunto, estas partes interessadas podem partilhar conhecimentos, trocar boas práticas e enfrentar os desafios relacionados com a biofortificação com selénio. Os esforços de colaboração podem acelerar o progresso e garantir a adoção generalizada desta prática benéfica.

Em conclusão, a biofortificação com selénio dos alimentos para animais oferece vantagens na defesa antioxidante, na saúde dos ossos, na saúde do coração, na produção de leite e na qualidade dos ovos. Pode também melhorar a qualidade da carne, ajudar na recuperação ambiental e contribuir para os objectivos globais de nutrição. A sensibilização dos consumidores e a colaboração entre as partes interessadas são vitais para a implementação eficaz de programas de biofortificação com selénio. Em geral, a biofortificação com selénio representa uma abordagem promissora com diversos benefícios para os animais, os seres humanos e o ambiente.

Selénio e saúde reprodutiva: O selénio desempenha um papel fundamental na saúde reprodutiva, tanto nos animais como nos seres humanos. Nos animais, a deficiência de selénio pode levar a distúrbios reprodutivos, como a redução da fertilidade, o aumento da mortalidade embrionária e o comprometimento do desenvolvimento fetal. A biofortificação de alimentos para animais com selénio assegura níveis óptimos de selénio para os processos reprodutivos, apoiando uma reprodução saudável nas populações de gado e de animais selvagens.

Selénio e função imunitária: O selénio é essencial para o bom funcionamento do sistema imunitário. Está envolvido na ativação e regulação das células imunitárias, , bem como na produção de anticorpos e citocinas. A ingestão adequada de selénio através de alimentos biofortificados pode aumentar as respostas imunitárias, melhorar a resistência às doenças e reduzir a incidência e a gravidade das infecções nos animais.

Selénio e saúde neurológica: A biofortificação com selénio tem implicações para a saúde e o desenvolvimento neurológicos. O selénio está envolvido na proteção dos neurónios contra o stress oxidativo e na regulação da função dos neurotransmissores. A ingestão adequada de selénio através de alimentos biofortificados pode apoiar a saúde do cérebro, a função cognitiva e o desenvolvimento neurológico dos animais.

Selénio e resposta inflamatória: O selénio tem propriedades anti-inflamatórias e pode modular a resposta inflamatória do organismo. A inflamação é um processo natural que ajuda o organismo a combater infecções e a curar lesões, mas uma inflamação excessiva ou crónica pode ser prejudicial. A biofortificação com selénio pode ajudar a regular a resposta inflamatória, reduzindo as perturbações relacionadas com a inflamação nos animais.

Selénio e saúde do solo: A biofortificação com selénio pode contribuir para a saúde e a fertilidade do solo. O selénio é um oligoelemento naturalmente presente no solo, e os seus níveis podem variar em diferentes regiões. Ao enriquecer o solo com selénio através de práticas agrícolas, a biofortificação pode ajudar a restaurar e manter níveis óptimos de selénio, beneficiando tanto o crescimento das plantas como a nutrição animal.

Selénio e benefícios económicos: A biofortificação com selénio pode ter benefícios económicos para os agricultores e para a indústria pecuária. Ao melhorar a saúde animal, a produtividade e a qualidade dos produtos derivados de animais, a biofortificação pode aumentar a rentabilidade das explorações. Além disso, os produtos enriquecidos com selénio podem obter preços mais elevados no mercado, proporcionando uma fonte adicional de rendimento para os agricultores.

O selénio e os Objectivos de Desenvolvimento Sustentável: A biofortificação com selénio alinha-se com vários Objectivos de Desenvolvimento Sustentável (ODS) delineados pelas Nações Unidas, incluindo fome zero, boa saúde e bem-estar, e consumo e produção responsáveis. Ao abordar as deficiências nutricionais, melhorar a saúde animal e humana e promover práticas agrícolas sustentáveis, a biofortificação contribui para a realização destes objectivos globais.

Selénio e segurança alimentar: A biofortificação com selénio pode melhorar a segurança alimentar, reduzindo a necessidade de utilização excessiva de aditivos químicos e medicamentos veterinários. Ao melhorar a saúde geral e a função imunitária dos animais, a biofortificação pode reduzir o risco de surtos de doenças e a necessidade de medidas de controlo de doenças que possam ter impacto na segurança alimentar.

O selénio e a adaptação às alterações climáticas: A biofortificação com selénio pode ajudar nas estratégias de adaptação às alterações climáticas na agricultura. As alterações climáticas podem afetar a composição do solo e a disponibilidade de nutrientes, com potencial impacto nos níveis de selénio. Ao biofortificar ativamente os alimentos para animais, os agricultores podem adaptar-se às alterações das condições ambientais e manter níveis óptimos de selénio nas dietas dos animais.

Selénio e considerações regulamentares: A biofortificação de alimentos para animais com selénio pode estar sujeita a considerações regulamentares, incluindo níveis máximos permitidos de selénio em produtos animais. É importante que os decisores políticos e os organismos reguladores estabeleçam diretrizes e normas para garantir a implementação segura e eficaz das práticas de biofortificação com selénio.

Em resumo, a biofortificação com selénio oferece benefícios para a saúde reprodutiva, a função imunitária, a saúde neurológica e a resposta inflamatória. Pode também contribuir para a saúde dos solos, para os benefícios económicos e para a realização dos Objectivos de Desenvolvimento Sustentável. A biofortificação com selénio promove a segurança alimentar, ajuda na adaptação às alterações climáticas e requer atenção às considerações regulamentares. Globalmente, a biofortificação com selénio representa uma abordagem multifacetada com amplas vantagens para os animais, os seres humanos, a agricultura e o ambiente.

Selénio e prevenção do cancro: A biofortificação com selénio tem sido associada a potenciais benefícios na prevenção do cancro. O selénio está envolvido na reparação do ADN, na regulação do ciclo celular e na eliminação de células danificadas. A ingestão adequada de selénio através de alimentos biofortificados pode ajudar a reduzir o risco de certos tipos de cancro nos animais, incluindo o cancro do fígado, da próstata e colorrectal.

Selénio e redução de antibióticos: A biofortificação com selénio pode contribuir para a redução da utilização de antibióticos na produção animal. Foi demonstrado que a suplementação com selénio reforça o sistema imunitário e melhora a resistência dos animais às doenças. Ao reforçar a resposta imunitária, a biofortificação pode ajudar a reduzir a dependência de antibióticos, promovendo a utilização responsável de antibióticos e abordando as preocupações sobre a resistência antimicrobiana.

Selénio e sustentabilidade ambiental: A biofortificação com selénio alinha-se com os esforços para promover a sustentabilidade ambiental na agricultura. Ao melhorar a saúde animal e reduzir a incidência de doenças, a biofortificação pode ajudar a minimizar o uso de agroquímicos e medicamentos veterinários. Isso, por sua vez, reduz o impacto ambiental associado à sua produção, uso e descarte.

Selénio e expressão genética: O selénio pode influenciar a expressão genética e a atividade de vários genes envolvidos em processos fisiológicos importantes. A biofortificação de alimentos para animais com selénio pode modular os padrões de expressão genética, conduzindo a efeitos benéficos na saúde, crescimento e desenvolvimento dos animais.

Selénio e qualidade da água: A biofortificação com selénio pode ter implicações positivas para a qualidade da água. O escoamento excessivo de selénio das áreas agrícolas pode contaminar as massas de água e colocar em

risco os ecossistemas aquáticos. Ao otimizar a suplementação de selénio nas dietas dos animais, a biofortificação ajuda a reduzir a excreção de selénio e a minimizar o impacto ambiental nos recursos hídricos.
Selénio e emissões de metano: A biofortificação com selénio pode ter um papel na mitigação das emissões de metano dos animais ruminantes. O metano é um potente gás com efeito de estufa que contribui para as alterações climáticas. A investigação sugere que a suplementação com selénio pode alterar a população microbiana no rúmen, reduzindo potencialmente a produção de metano.
Selénio e bem-estar animal: A biofortificação com selénio pode contribuir para melhorar o bem-estar animal. A deficiência de selénio pode levar a vários problemas de saúde, incluindo distúrbios reprodutivos, fraqueza muscular e comprometimento da função imunitária. A biofortificação assegura uma ingestão adequada de selénio, promovendo o bem-estar animal e reduzindo a incidência de problemas de saúde relacionados com o selénio.
O selénio e o comércio internacional: A biofortificação com selénio pode aumentar as oportunidades de comércio internacional de produtos agrícolas. Ao cumprir ou exceder as normas internacionais relativas ao teor de selénio nos produtos derivados de animais, os países podem demonstrar o seu empenho na qualidade e segurança, facilitando as oportunidades de exportação e o acesso ao mercado.
O selénio e os avanços da investigação: A investigação em curso e os avanços na biofortificação com selénio continuam a expandir a nossa compreensão dos seus benefícios e aplicações. Os cientistas e os profissionais da agricultura estão a explorar técnicas inovadoras, como o melhoramento de plantas e a engenharia genética, para aumentar os níveis de selénio nos alimentos para animais e melhorar a sua biodisponibilidade para os animais.
O Selénio e a Saúde Humana: A biofortificação dos alimentos para animais com selénio acaba por beneficiar a saúde humana. Ao assegurar uma ingestão adequada de selénio nas dietas dos animais, os produtos biofortificados, como a carne, o leite e os ovos, tornam-se enriquecidos com selénio. O consumo destes produtos pode ajudar a resolver as deficiências de selénio nos seres humanos, promovendo uma saúde e um bem-estar óptimos.
Em conclusão, a biofortificação com selénio oferece benefícios potenciais na prevenção do cancro, redução de antibióticos, sustentabilidade ambiental, expressão genética, qualidade da água, emissões de metano, bem-estar animal, comércio internacional, avanços na investigação e saúde humana. Representa uma abordagem multifacetada com implicações de grande alcance para vários aspectos da agricultura, do ambiente e da saúde pública.

REFERÊNCIAS

Abbas, S.M. 2013. Baixos níveis de aplicação de selênio atenuam o estresse de baixa temperatura em mudas de sorgo [*Sorghum bicolor* (L.) Moench.]. Pak. J. Bot. 45:1597-1604.

Ahmad, K.Z., I. Khan, M. Ashraf, Z.A. Shah, A. Ejaz e E.E. Valeem. 2009. Alterações temporais no estado do selénio no solo e na forragem numa pastagem em Sargodha, Punjab, Paquistão. Pakistan J. Bot. 41: 2397-2401.

Anderson, J.1993. Interações do selénio no metabolismo do enxofre. In: Kok, I.S. (Eds), Sulfur Nutrition and Assimilation in Higher Plants: Regul. Agric. Environ Aspects pp. 4960.

Associação de Análise Oficial de Sementes. Regras para a análise de sementes 1990. J. Seed Tech.12:1-112.

Bam, R.K., Kumaga, F.K., Ori, K., Asiedu, E.A., 2006. Germinação, vigor e atividade de desidrogenase de sementes de arroz (*Oryza sativa* L.) envelhecidas naturalmente e embebidas em potássio e fósforo. Asian J. Plant Sci. 5:948-955.

Basra, S.M.A., Farooq, M., e Tabassum, R., 2005. Aspectos fisiológicos e bioquímicos dos tratamentos de melhoramento do vigor das sementes em arroz fino (*Oryza sativa* L.). Seed Sci. Technol. 33: 623-628.

Beck, M.A., J. Handy e O.A. Levander. 2004. Estado nutricional do hospedeiro: o fator de virulência negligenciado. Trends Microbiol. 12:417-423.

Benuelos, G. S. e D.W. Meek. 1989. Selenium accumulation in selected vegetables. J. Plant Nutr. 12:1255-1272.

Bittman, S., W.T. Buckley, K. Zaychuk, E.A.P. Brown. 2009. Revestimento de sementes para aumentar o nível de Se nas culturas. Patente dos Estados Unidos n.º 6058649. Agriculture and agrifood Canada.

Bradford, K.J. 1986. Manipulation of seed water relations via osmotic priming to improve germination under stress conditions. Hort. Sci. Alexandria. 21:1105-1112.

Broadley, M.R., J. Alcock, J. Alford, P.C. Wright, S.J. Fairweather-Tait, I. Foot, D.J. Hart, R. Hurst, P. Knott, S.P. McGrath, M.C. Meacham, K. Norman, H.P. Mowat, J.L. Scott, M. Stroud, M.P. Tovey, J. Tucker, P.J. White, S.D. Young e F.J. Zhao. 2010. Biofortificação com selénio do trigo de inverno de alto rendimento (*Triticum aestivum* L.) por fertilização líquida ou granular com Se. Plant Soil. 332:5-18.

Broadley, M.R., P.J. White, R.J. Bryson, M.C. Meacham, H.C. Bowen, S.E. Johnson, M. J. Hawkesford, S.P. McGrath, F.J. Zhao e N. Breward. 2006. Biofortificação de culturas alimentares do Reino Unido com selénio. Proc. Nutr. Soc. 65:169-181.

Brock, L.P.A. e J. Dearman. 2008. Interação entre tratamentos de preparação de sementes e nove lotes de sementes de cenoura, aipo e cebola. II. Emergência de plântulas e crescimento das plantas. Ann. Appl. Biol. 102:583-593.

Brown, K.M. e J.R. Arthur. 2001. Selénio, selenoproteínas e saúde humana: uma revisão, Public Health Nutr. 4:593-599.

Bugel, S.B. Sandstorm, E.L. Larsen e L.H. Skibsted. 2002. Is selenium for animals Sources bioavailable? 11º Simpósio sobre elementos vestigiais no homem e nos animais. 2-6 de junho de 2002. Berkeley, Califórnia.

Cao, X.Y., X.M. Jiang, A. Kareem, Z.H. Dou, M.A. Rakeman, M.L. Zhang, T. Ma, K. Odonnell, N. Delong e G.R. Delong. 1994. Iodação da água de irrigação como método de fornecimento de iodo a uma população gravemente deficiente em iodo em Xinjiang, China. Lancet. 344:107-110.

Carlson C.L., D.I. Kaplan e D.C. Adriano. 1989. Effects of selenium on germination and radicle elongation of selected agronomic species. Environ. Exp. Bot. 29:493-498.

Cartes, P., L. Gianfreda e M.L. Mora. 2005. Absorção de selénio e sua atividade antioxidante no azevém quando aplicado nas formas de selenato e selenito. Plant Soil. 276: 359-367.

Catarina, G., M.D.C. Freitas, A.M.G. Pacheco, B. Macas e A.S. Almeida. 2012. Suplementação com selénio de cultivares portuguesas de trigo através de tratamento foliar em condições reais de campo. J. Radioanal Nucl. Chem. DOI 10.1007/s 10967-012-2372-z

Chandler, S.S. e Singh, T.K. 2008. Critérios de seleção para tolerância à seca em trigo de primavera (*Triticum aestivum* L.). Série: Lidar com o trigo num ambiente em mudança com stresses abióticos. Actas do 11.º Simpósio Internacional de Genética do Trigo. R. Appels, R. Eastwood, E. Lagudah, P. Langridge e M. Mackay Lynne, editores. Sydney University Press, Austrália, pp. 1-3.

Chen, C.C. e J.M. Sung. 2001. A preparação de sementes de cabaça amarga com solução de selénio melhora a germinabilidade e as respostas antioxidantes a temperaturas abaixo do ideal. Plant Physiol. 111:9-16.

Chilimba, A.D.C., S. Young, R.C. Bllack, M.C. Meacham, J. Lammel, e M.R. Broadley. 2012. Biofortificação agronómica do milho com selénio (Se) no Malawi. Field Crops Res. 125:118-128.

CIMMYT. 1988. From Agronomic Data to Farmers Recommendations. An Economics Training Manual. CIMMYT. México, D.F. 31-33.

Clark, L.C., B. Dalkin, A. Krongrad, G.F. Combs, B.W. Turnbull, E.H. Slate, R. Witherington, J.H. Herlong, E. Janosko, D. Carpenter, C. Borosso, S. Falk e J. Rounder. 1998. Decreased incidence of prostate cancer with selenium supplementation: results of global blind cancer prevention trial. Brit. J. Urol. 81:730-734.

Combs, G. F. 2001. Selénio nos sistemas alimentares globais. Brit. J. Nutr. 85:517-547.

Coolbear, P., A. Francis e D. Grierson. 1984. The best of low temperature pre-sowing treatment under the germination performance and membrane integrity of artificially aged tomato seeds. J. Exp. Bot., 35: 1609-1617.

Curtin, D., R. Hanson, T.N. Lindley. 2010. Concentração de selénio no grão de trigo (*Triticum aestivum*) influenciada pelo método, taxa e momento da aplicação de selenito de sódio. Nova Zelândia. J. Crop Hort. 34:329-339.

Dell-Aquila A. e Tritto V. 1990. Envelhecimento e escorvamento osmótico em sementes de trigo. Efeitos sobre certos componentes da qualidade das sementes. Ann. Bot. 65: 21-26.

De Long, G.R., P.W. Leslie, S.H. Wang, X.M. Jiang, M.L. Zhang, M.A. Rake man, J.Y. Jiang, T. Ma e X.Y. Cao. 1997. Effect on infant mortality of iodination of irrigation water in a severely iodine-deficient area of China (Efeito na mortalidade infantil da iodação da água de irrigação numa área com grave deficiência de iodo na China). Lancet. 350:771-773.

Dhillon, K.S., N. Rani e S.K. Dhillon. 2005. Avaliação de diferentes extractantes para a estimativa do selénio biodisponível em solos seleníferos do noroeste da Índia. Aust. J. Soil Res. 3: 639-645.

Djanaguiraman, M., D.A.K. Devi, A. Shanker, J. A. Sheeba, e U. Bangarusamy. 2004. Impacto da pulverização de selénio na senescência monocárpica da soja (*Glycine max* L.) Food Agri. Environ. 2:44- 47.
Djanaguiraman, M., D.D. Durga, A.K. Shanker, A.K. Sheeb, A.K.U. Bangarusamy. 2005. Selénio - um protetor anti-oxidativo na soja durante a senescência. Plant Soil. 272: 77-86.
Ducsay, L., O. Lozek, L. Varga, e T. Losak. 2007. Effect of winter wheat supplementation with selenium. Ecol. Chem. Eng. 14:289-294
Eich, G.S., T.A. Sogn e A.F. Ogaard. 2007. Disponibilidade para as plantas de fertilizantes inorgânicos e orgânicos de selénio influenciada pelo teor de matéria orgânica do solo e pelo pH. Nutr. Cycl. Agro ecosys. 79:221-231.
El Kassis, E., N, Cathala, H. Rouached, O. Fourcroy, P. Berthomieu, N, Terry e J.C. Davidian. 2007. Caracterização de um mutante de Arabidopsis resistente ao selenato. Crescimento da raiz como um alvo potencial para a toxicidade do selenato. Plant Physiol, 143: 1231-1241.
Eurola, M. e V. Hietaniemi. 2000. Relatório do Programa de Monitorização do Selénio 19971999. Publicações do Centro de Investigação Agrícola da Finlândia, série B 24. Jokoinen, Finlândia: ARCF.
Eurola, M., P. Ekholm, M. Ylinen, P. Koivistoinen e P. Varo. 1989. Effects of Selenium fertilization on the selenium content of selected Finnish fruits and vegetables. Ata Agri. Scand. 39:345-350.
Fairweather-Tait, S.J., Y. Bao, M. R. Broadley, R. Collings, D. Ford, J. Hesketh e R. Hurst. 2011. Selénio na saúde e na doença humana. Antioxid. Redox Signal. 14:1337-1383.
Fang, Y., L. Wang, Z. Xin, L. Zhao, X. An e Q. Hu. 2008. Efeito da aplicação foliar de fertilizantes de zinco, selénio e ferro nas concentrações de nutrientes e no rendimento dos grãos de arroz na China. J. Agar. Food Chem. 56:2079-2084.
FAO/OMS. 1987. Comissão do Codex Alimentarius: Princípios Gerais para a Adição de Nutrientes Essenciais aos Alimentos, CAC/GL 09-1987 (alterado em 1989, 1991).
FAO/OMS. 2001. Necessidades humanas em vitaminas e minerais. Relatório de uma consulta conjunta de peritos da FAO/OMS, Banguecoque, Tailândia. Divisão de Alimentação e Nutrição, FAO, Roma.
FAO/OMS. 2002. Necessidades humanas em vitaminas e minerais. Relatório de uma consulta conjunta de peritos da FAO/OMS, Banguecoque, Tailândia.
FAO.2009. O estado da alimentação e da agricultura. Organização das Nações Unidas para a Alimentação e a Agricultura, Roma.
Farooq M., S.M.A. Basra e N. Ahmad. 2007. Melhorar o desempenho do arroz transplantado através da preparação das sementes. J. Plant Growth Regul. 51:129-137.
Farooq, M., S.M.A. Basra, A. Wahid e N. Ahmad. 2010. Changes in nutrienthomeostasis and reserves metabolism during rice seed priming: consequences for germination and seedling growth. Agric. Sci. China 9: 101-108.
Farooq, M., A. Wahid e K.H.M. Siddique. 2012. Aplicação de micronutrientes através de tratamentos de sementes - uma revisão. J. Soil Sci. Plant Nutr. 12:125-142.
Farooq, M., S.M.A. Basra, A. Khalid, A.R. Tabassum e T. Mehmood. 2006. Homeostase dos nutrientes, metabolismo das reservas e vigor das plântulas afectados pela preparação das sementes em arroz grosso. Can. J. Bot. 84:1196-1202.
Farooq, M., S.M.A. Basra, A. Wahid, A. Khaliq, N. Kobayashi. 2009. Revigoramento de

sementes de arroz. In: E. Lichtfouse (Ed.). Sustainable Agriculture Reviews. p. 137-175. Springer, Países Baixos.
Farooq, M., S.M.A. Basra, A. Wahid. 2006 a. A preparação de sementes de arroz semeadas no campo melhora a germinação, o estabelecimento de plântulas, a alometria e o rendimento. Plant Growth Regul. 49:285-294.
Farooq, M., S.M.A. Basra, K. Hafeez e N. Ahmad. 2005. Endurecimento térmico: uma nova ferramenta para melhorar o vigor das sementes de arroz. J. Integ. Plant Biol. 47:187-193.
Farooq, M., S.M.A. Basra, R., Tabassum, e I., Afzal. 2006 b. Melhorar o desempenho do arroz fino de sementeira direta através da preparação das sementes. Plant Prod. Sci. 9: 446-456.
Farrakh, M.A., M.A. Chaudhri. J. Walting e S. Hussain. 2011. Estado do selénio no sangue na população Punjabi normal do Paquistão. Ferver. Trace Elem. Res. 143: 163-166.
Finley, J.W. 2007. O aumento da ingestão de alimentos enriquecidos com selénio pode beneficiar a saúde humana. J. Sci. Food Agr. 87:1620-1629.
Fordyce, F. 2005. Deficiência de selénio e toxicidade no ambiente. Essentials of Medical geology. Londres, Reino Unido; Elsevier. 373-415.
Fordyce, F.M. 2000. Química do solo, dos grãos e da água em relação ao ser humano. Doenças sensíveis ao selénio no distrito de Enshi. China. Appi. Geo chem. 15:117-132.
Germ, M., V. Stibilj, J. Osvald e I. Kreft. 2007. Efeito das aplicações foliares de selénio na chicória (*Cichorium intybus* L.). J. Agr. Food Chem. 55:795-798.
Gibson, R.S. 1994. Nutrição com zinco e saúde pública nos países em desenvolvimento. Nut. Res. Rev. 7: 151-173.
Gibson, R.S. 2006. Zinco: o elo perdido no combate à malnutrição por micronutrientes nos países em desenvolvimento. Proc. Nut. Soc. 65:51-60.
Golubkina, N.A. e G.V. Alfthan. 1999. O estado do selénio humano em 27 regiões da Rússia. J. Trace Elem. Med. Bio. 13: 15-20.
Governo do Paquistão. 2013. Inquérito económico do Paquistão 2012-2013. Ministério da Alimentação, Agricultura e Pecuária, Gabinete Federal de Estatística, Islamabad. p: 21-22.
Graham, R.D. e R.M. Welch. 1996. Breeding for staple food crops with high micronutrient density. Em Agricultural Strategies for Micronutrients. Documento de Trabalho 3. Washington DC, Instituto Internacional de Investigação sobre Políticas Alimentares.
Graham, R.D., R.M. Welch, D.A. Saunders, I. M. Ortiz, H.E. Bouis, M. Bonierbale, S. de Haan, G. Burgos, G. Thiele, R. Liria, C.A. Meisner. S.E. Beebe, M.J. Potts, M. Kadian, P.R. Hobbs, R.K. Gupta e S. Twomlow. 2007. Nutritious subsistence food systems. Adv. Agron. 92:1-74.
Grant, C.A., W.T. Buckley e R. Wu. 2007. Effect of selenium fertilizer, source and rate on rate on grain yield and selenium and cadmium concentration of durum wheat. Can. J. Plant Sci. 87:703-708.
Grusak, M.A. e I. Chakmak. 2005. Métodos para melhorar o fornecimento de minerais às culturas para os seres humanos e o gado. Em: Broadley, M.R. e P.J. White eds. Plant nutritional genomics. Oxford, Reino Unido: Blackwell, 265-286.
Gupta, U.C. 1998. Determinação de Boro, Molibdénio e Selénio em plantas. p. 179-80. *In* Hand book of reference method for plant analysis. Ed; Y. P. Kalra. CRC Tylor and Francis

Group. 6000 Broken Sound Parkway NW, Suite 300, Boca Raton, FL 33487-2742.

Habibi, G. 2013. Efeito do stress da seca e da pulverização de selénio na fotossíntese e na atividade antioxidante da cevada de primavera. Ata Agric. Slov. 101: 31-39.

Hakkarainen, J. 1993. Biodisponibilidade do selénio. Nor. J. Agr. Sci. 11: 21-35.

Hamilton, S. J. 2004. Revisão da toxicidade do selénio na cadeia alimentar aquática. Sci. Total Environ. 326:1-31

Hart, D.J., S.J. F. Tait, M.R. Broadley, S.J. Dickinson, I. Foot, P. Knott, S.P. McGrath, H. Mowat, K., Norman, P.R. Scott, J.L. Stroud, M. Tucker, P.J. White, F.J. Zhao e R. Hurst. 2011. Concentração e especiação de selénio em farinha biofortificada e retenção de selénio no pão durante o processamento de biofortificação de grãos e produção de alimentos enriquecidos com selénio. Food Chem. 126: 1771-1778.

Hartikainen, H. 2005. Biogeoquímica do selénio e seu impacto na qualidade da cadeia alimentar e na saúde humana. J. Trace Elem. Med. Biol. 18:309-318.

Hartikainen, H. e T. Xue. 1999. O efeito promotor do selénio no crescimento das plantas, desencadeado pela irradiação ultravioleta. J. Environ. Qual. 28:1272-1275.

Hartikainen, H., T. Xue e V. Piironen. 2004. Selénio como anti-oxidante e pró-oxidante na erva de centeio. *Plant Soil.* 225: 193-200.

Hartikainen, H., T. Xue e V. Pironen. 2000. Selénio como anti-oxidante e pró-oxidante no azevém. Plant Soil. 225:193-200.

Hu, Q.H., J. Xu e G.X. Pang. 2003. Efeito do selénio no rendimento e na qualidade das folhas de chá verde colhidas no início da primavera. *J. Agric. Food Chem.,* 51: 3379-3381.

Hunt, R. 1978. Análise do crescimento das plantas. Studies in Biology No. 96. Edward Arnold, Londres. 26-38.

Imran, M., G. Neumann e V. Ròmheld. 2004. Nutrient seed priming improves germination rate and seedling growth under submergence stress at low temperature. International Research on Food Security, Natural Resource Management and Rural DevelopmentCuvillier Verlag Göttingen.

Jezek, P., P. Skarpa, T. Loasak, J. Hlusek, M. Juzl e P. Elzner. 2012. Selénio - um antioxidante importante na biofortificação das culturas. INTECH, Ch. 13:343-363.

Jiang, C., C. Zu, J. Shen, F. Shao e T. Li. 2015. Efeitos do selénio no crescimento e nas caraterísticas fotossintéticas do tabaco ue-cured (*Nicotiana tabacum* L.) *Ata. Soc. Bot. Pol.* 84(1)71-77.

Johnson, S.E., J.G. Lauren, R. Welch e J.N. Duxbury. 2005. Uma comparação dos efeitos da preparação das sementes com micronutrientes e da fertilização do solo na nutrição mineral do grão-de-bico (*Cicer arietinum*), lentilha (*Lens culinaris*), arroz (*Oryza sativa*) e trigo (*Triticum aestivum*) no Nepal. Expl. Agri. 41:427-448.

Kabata-Pendias A. e H. Pendias. 2001. Trace elements in soils and plants. 3rd ed., CRC Press, Boca Raton. CRC Press, Boca Raton.

Kant S., Pahuja S.S. e Pannu R.K. 2006. Efeito da preparação das sementes no crescimento e fenologia do trigo em condições de sementeira tardia. Trop. Sci. 44:9-150.

Kashin, V.K., e O.I. Shubina. 2011. Efeito biológico e acumulação de selénio no trigo em condições de província biogeoquímica deficiente em selénio, Chemistry for Sustainable Development, 19(2), 145-150.

Kaur, S., Gupta, A.K. e Kaur, K. 2002. Effect of osmo and hydro priming of chickpea seeds on seedling growth and carbohydrate metabolism under water deficit stress. J. Plant Growth Regul. 37:17-22.

Khaliq, A., F. Aslam, A. Matloob, S. Hussain, M. Geng, A. Wahid e H. Rehman. 2015. Preparação de sementes com selénio: Consequências para a emergência, crescimento de plântulas e atributos bioquímicos do arroz. Biol. Trace Elem. Res. 1-9

Khan, Z.I. M. Ashraf, A. Hussain, H.W. Koyro e B. Huchzermeyer. 2010. Variação sazonal no estado do selénio de diferentes classes de cabras em pastoreio numa região semi-árida do Paquistão. J. Hazard. Mat. 15:179.

Khan, Z.I., M. Ashraf, M. Danish, R. Ahmad e E.E. Valeem. 2008. Assessment of selenium content in Pasture and ewes in Punjab, Pakistan. Pakistan J. Bot. 40:11591162.

Kant S., Pahuja S.S. e Pannu R.K. 2006. Efeito da preparação das sementes no crescimento e fenologia do trigo em condições de sementeira tardia. Trop. Sci. 44: 9-150.

Kimball, B.A., C/F. Morris, P.J. Pinter, G.W. Wall, D.J. Hunsacker, F.J. Adamsen, R.L. LaMorte, S.W. Leavith , T.L. Thompson, A.D. Mathias, T.J. Brooks. 2001.

Efeitos do CO_2 elevado, da seca e do azoto do solo na qualidade do trigo. New Phytol. 150:295-303

Kinraide, T.B. 2003. A influência controladora do potencial elétrico da superfície celular na absorção e toxicidade do selenato (SO_4^{2-}). Physiol. Plant. 117:64-71.

Kong, L., M. Wang e D. Bi. 2005. **O selénio modula as actividades das enzimas antioxidantes, a homeostase osmótica e promove o crescimento de plântulas de azeda sob stress salino.** *Regulação do crescimento das plantas,* 45: 155-163.

Kopsell, D.A. e D.E. Kopsell. 2006. Selénio. p. 515-550. Em: Barker, A.V. e D. Pilbeam (Eds.). Handbook of plant nutrition. CRS Press-Taylor and Frances Group, Boca Raton, FL.

Kuznetsov V.V., V.P. Kholodova, V.I.V. Kuznetsov e B.A. Yagodin. 2003. Selenium regulates the water status of plants exposed to drought. Dokl. Biol. Sci. 390: 266268.

Labanowska, M., M. Filek, J. Kóscielniak, M. Kurdziel, E. Kuli's e H. Hartikainen. 2012. Os efeitos do stress de selénio a curto prazo em plântulas de trigo polacas e finlandesas - estudos EPR, enzimáticos e de fluorescência. J. Plant Physiol. 169:275-284.

Li, H.F., S.P. McGrath e F.J. Zhao. 2008. Absorção, translocação e especiação de selénio no trigo fornecido com selenato ou selenito. New Phytol. 178:92-102.

Loganathan, P. e M.J. Hedley. 2006. Práticas espaciais e dependentes do tempo de libertação de selénio (Se) de grânulos de fertilizante de selénio selecionados. Aust. J. Soil Res. 44:155163.

Lyons, G., J. Stangoulis, e R. Graham. 2003. High-selenium wheat: biofortification for better health. Nut. Res. Rev. 16:45-60.

Lyons, G.H., C.J. Judson, I. Ortiz-Monasterio, Y. Genc, J.C.R. Stangoulis e R.D. Graham. 2005. Selénio na Austrália: Selenium status and biofortification of wheat for better health. J. Trace Elem. Med. Biol. 19:75-82.

Lyons, G.H., J.C.R. Stangoulis e R.D. Graham. 2004. Explorando a interação de micronutrientes para otimizar os programas de biofortificação: o caso da inclusão de selénio e iodo no Programa Harvest Plus. Nut. Res. Rev. 62: 247-252.

Lyons, G.H., Y. Gene, K. Soole, J.C.R. Strangoulis, F. Liu, R.D. Graham. 2009. O selénio aumenta a produção de sementes em Brassica. Plant Soil. 318:73-80.

Malik, J. A., S. Goel, N. Kaur, S. Sharma, I. singh e H. Nayyar. 2012. O selénio antagoniza os efeitos tóxicos do arsénio nas plantas de feijão mungo (*Phaseolus aureus* Roxb.), restringindo a sua absorção e reforçando os mecanismos antioxidantes e de desintoxicação. Environ. Exp. Bot. 77:242-248.

Mayer, J.E., W.H. Pfeiffer e P. Beyer. 2008. Biofortified crops to alleviate micronutrient malnutrition. Curr. Opin. Plant Biol. 11:166 -170.

McDonald, M.B. 2000. Preparação de sementes. In: Black M. e J. D. Bewley (eds.): Seed Technology and Its Biological Basis. Sheffield Academic Press, Sheffield, Inglaterra, Reino Unido. 287-325.

McKenzie, R.C., T.S. Rafferty e G.J. Beckett. 1998. Selénio: um elemento essencial para a função imunitária. Immunol. Today. 19:342-5.

McNeal, J.M. e L.S. Balistrieri. 1989. Geoquímica e ocorrência de selénio: uma visão geral. In: L.W. Jackobs, (Ed). Selenium in agriculture and the environment, SSSA Special Publication no. 23. Soil Sci. America e American Soc. Agronomy, Madison, WI. 1-13.

Mikkelsen, R.I., A.L. Page e F.T. Bingham. 1989. Factores que afectam a acumulação de selénio pelas culturas agrícolas. Selenium in agriculture and the environment. Em L.W. Jackob (Ed.), Madison, Wisconsin Soil Science Society of America. 65-94.

Nawaz, F., M.Y. Ashraf, R. Ahmad, E.A. Warraich, R.N. Shabbir e M.A. Bukhari. 2015. O selénio suplementar melhora o rendimento e a qualidade do grão de trigo através de alterações nos processos bioquímicos em condições normais e de défice hídrico. Food Chem. 175: 350- 357.

Padmaja, K., B.V. Somasekharaiah e A.R. Prasad. 1995. Inhibition of chlorophyll synthesis by selenium: involvement of lipoxygenase mediated lipid peroxidation and antioxidant enzymes. Photosynthetica. 31:1-7.

Pennanen, A., T. Xue, H. Hartikainen. 2002. Papel protetor do selénio em plantas sujeitas a stress severo por irradiação UV. J. Appl. Bot. 76:66-76.

Pilon-Smits, E.A., e C.F. Quinn. 2010. "Metabolismo do selénio nas plantas". In: *Biologia Celular de Metais e Nutrientes,* pp: 225-241. R. Hell e R. Mendel. (eds.). Berlim: Springer;

Premarathana, L., M.J. McLaughlin, J.K. Kirby, G.M. Hettiarachchi, S. Stacey e D.J. Chittleborough. 2012. Os grânulos de ureia enriquecidos com selenato são um fertilizante altamente eficaz para a biofortificação com selénio do grão de arroz em casca. J. Agri. Food Chem. 60:6037-6044.

Ruan S., Xue Q. e Tylkowska K. 2002. A influência do priming na germinação de sementes de arroz (Oriza sativa L.) e na emergência e desempenho de plântulas em solo inundado. Seed Sci. Tecnol. 30: 61-67.

Rayman, M.P. 2002. O argumento para aumentar a ingestão de selénio. Proc. Nutr. Soc., 612:203-215.

Rayman, M.P. 2004. A utilização de levedura com elevado teor de selénio para aumentar o nível de selénio: qual é a sua eficácia? Brit. J. Nut. 92:557-573.

Rayman, M.P. 2008. O selénio da cadeia alimentar e a saúde humana: ênfase na ingestão. Brit. J. Nutr. 100:254-268.

Rayman, M.P., H.G. Infante e M. Sargent. 2008. O selénio da cadeia alimentar e a saúde humana:

Reilly, C. 1998. Selénio: Um novo participante na área dos alimentos funcionais. Tendências da Ciência e Tecnologia Alimentar. 9:114-118.

Reilly, C. 2006. Selenium in Food and Health (Selénio nos alimentos e na saúde). Springer Verlag.

Rios, J.J., B. Blasco, L.M. Cervilla, M.A. Rosales, E. Sanchez-Rodriguez, L. Romero e J.M. Ruiz. 2009. Produção e desintoxicação de H2O2 em plantas de alface expostas ao

selénio. *Ann. Appl. Biol.,* 154: 107-116.
Rodrigo, S., O. Sanatamaria e M.J. Poblaciones. 2014. Momento de aplicação de selénio: influência na acumulação de selénio no grão de trigo e na farinha em condições mediterrânicas. J. Agr. Sci. 6:23-30
Ruan, S., Q. Xue e K. Tylkowska. 2002. The influence of priming on germination rice (*Oryza sativa* L.) seeds and seedling emergence and performance in flooded soils. Seed sci. Technol. 30:61-67.
Sajedi, N., H. Madani, e A. Naderi. 2011. Efeito dos micronutrientes e do selénio na enzima Superóxido Dismutase, na atividade do Malondialdeído e no rendimento do grão de milho (*Zea mays* L.) sob stress de défice hídrico. Not. Bot. Hort. Agrobo. 39:153-159.
Samia, A.A. 2012. Influência de diferentes tempos de imersão com selénio no crescimento, actividades metabólicas de plântulas de trigo sob stress de baixa temperatura. Afr. J. Biotech. 11:14792-14804.
Seppänen, M., M. Turakainen e H. Hartikainen. 2003. Selenium effects on oxidative Stress in potato. Plant Sci. 165:311-319.
Singh, B.R. 1994. Effect of selenium-enriched calcium nitrate, top-dressed at different growth-stages, on the selenium concentration in wheat. Fert. Res. 38:199-203.
Singh, M.V. 2007. Eficiência do tratamento de sementes para melhorar a deficiência de zinco nas culturas. Improving Crop Production and Human Health, 24-26 de maio de 2007, Istambul, Turquia.
Smrkolj, P., V. Stibilj, I. Kreft e M. Germ. 2006. Espécies de selénio no trigo mourisco cultivado com adição foliar de Se (VI) e vários níveis de radiação UV-B. Food Chem. 96: 675- 681.
Sors, T. G., D.R. Ellis e D.E. Salt. 2005. Captação, translocação, assimilação e destino metabólico do selénio nas plantas. Photosynth. Res. 86: 373-389.
Spallholz, J.E. e D. Hoffman. 2002. Toxicidade do selénio: Causas e efeitos em aves aquáticas. Aquat. Toxicol. 57:27-37. Spotlight on speciation. Brit. J. Nutr. 100:238-253.
Steel, R.G.D., J.H. Torrie e D. Dickey. 1996. Principles and procedures of statistics. a biometric approach (3rd Ed.) McGraw Hill Book Co. Inc. Nova Iorque. EUA.
Stephen, R.C., D.J. Saville e J.H. Watkinson. 1989. Os efeitos das aplicações de selenato de sódio no crescimento e na concentração de selénio no trigo. Nova Zelândia. J. Crop Hort. 17:229-237.
Stibilj, V., I. Kreft, P. Smrkolj e J. Osvald. 2004. Aumento do teor de selénio em sementes de trigo mole (*Fagophyrum esculentum* Moench) e abóbora (*Cucurbita pepo* L.) por fertilização foliar. Eur. Food Res. Technol. 219:142-144.
Stranges, S., R. Mar, M. Trevisan, R. Natarajan, R.P. Donahue, G.F. Combs, E. Farinaro, L.C. Clark e M.E. Reid. 2006. Effects of selenium supplementation on cardiovascular disease incidence and mortality: secondary analysis in a randomized clinical trial. Am. J. Epidemiol. 163:694-699.
Tian-Feng, C., Z. Wen-Jiel, L. Yong, Y. Fang, B. Yan e T. Fang. 2005. Efeitos do stress de Se no conteúdo de pigmentos fotossintéticos e no crescimento de *chlorella vulgaris.* J. Plant. Physiol. Mol. Bio. 31:369-373.
Tan, J. 1989. The Atlas of Endemic Diseases and their Environments in the Peoples Republic of China (Atlas de Doenças Endémicas e seus Ambientes na República Popular da China). Science Press, Pequim.
Tapiero, H., D.M. Townsed e K.D. Tew. 2003. The antioxidant role of selenium and

seleno compounds. Biomed. Pharmacother. 57:134-144.
Taylor, A.G., P.S. Allen, M.A. Bennett, J.K. Bradford, J.S. Burris, e M.K. Misra. 1998. Melhoramentos de sementes. Seed Sci. Res. 8:245-256.
Teimouri, S., J. Hasanpour e A.K. Tajali. 2014. Efeito da pulverização de selênio nos índices de rendimento e crescimento do trigo (*Triticum aestivum L.)* sob condição de estresse hídrico. Int. J. Adv. Biol. Biom. Res. 2: 2091-2103.
Terry, N., A.M. Zayed, M.P. De Souza e A.S. Tarun. 2000. Selénio em plantas superiores. Annul. Rev. Plant Physiol. Plant Mol. Biol. 51:401-432.
Thacker, T.D., P.R. Fischer, M.A. Strand e J.M. Pettifor. 2006. Raquitismo nutricional em todo o mundo: causas e direcções futuras. Ann. Trop. Paediatr. 26:1-16.
Thavarajah, D., P. Thavarajah, E. Vial, M. Gebhardt, C. Lacher, S. Kumar e G.F. Combs. 2015. O selénio aumentará o rendimento da lentilha (*Lens culinaris Medik*) e a qualidade das sementes? Front Plant *Sci.*, doi:10.3389/fpls.2015.00356
Timóteo, P. 2001. Implicações do efeito do estado selecionado do selénio: stress oxidativo. Biochem. Pharm. 62:273.281.
Turakainen. M., H. Hartikainen e M.M. Seppänen. 2004. Effects of selenium treatments in potato (*solanum tuberosum* L.) growth and concentration of soluble sugars and starch. J. Agric. Food Chem. 52:5378-5382.
Tveitnes, S., B.R. Singh e L. Ruud. 1996. Selenium concentration in spring wheat as influenced by basal application and top dressing of selenium-enriched fertilizers. Fert. Res. 45:163-167.
Van D.P., L. Davidsson, E.E. Ziegler, L.B. Fay e D. Barclay. 2002. Comparison of selenite and selenate apparent absorption and retention in infants using stable isotope methodology. Paediatric Research. 51:71-75.
Van, C. e R.P. Glahn. 1999. Técnicas de biodisponibilidade de micronutrientes: exatidão, problemas e limitações. Field Crops Res. 60:93-113.
Varo, P. e P. Koivistoinen. 1981. Annual variations in the average selenium intake in Finland: Cereal products and milk as sources of selenium in 1979/80. Int. Vitam. Nutr. Res. 51:79.
Wang, W., Q. Chen, S. Hussain, J. Mei, H. Dong, S. Peng, J. Huang, K. Cui e L. Nie. 2016. Tratamentos de pré-sementeira em arroz precoce com sementeira direta: Consequências para a emergência, crescimento de plântulas e eventos metabólicos associados sob stress de frio. Sci. Rep. 6, 19637; doi: 10.1038/srep 19637.
Watson, D.J. 1952. Estudos fisiológicos comparativos sobre o crescimento das culturas arvenses. Variação da taxa de assimilação líquida e da área foliar entre espécies e variedades e dentro e entre anos. Ann. Bot. 11:41-76.
Welch, R.M. 2008. Ligações entre oligoelementos em culturas alimentares e a saúde humana. p. 287-309. Em B.J. Alloway (ed.). Micronutrient Deficiencies in Global Crop Production. Springer.
Welch, R.M. e R.D. Graham. 2002. Breeding crops for enhanced micronutrient Content. Plant Soil. 245:205-214.
Whanger, P.D. 2002. Compostos selénicos em plantas e animais e seu significado biológico. J. Am. Coll. Nutr. 21:223-232.
White, P.J. e M.R. Broadley. 2005. Biofortificação de culturas com elementos minerais essenciais. Trends Plant Sci. 10:586-593.
White, P.J. e M.R. Broadley. 2009. Biofortificação de culturas com sete elementos

minerais frequentemente em falta nas dietas humanas - ferro, zinco, cobre, cálcio, magnésio, selénio e iodo. New phytol. 182: 49-84.

Wojcik, P. 2004. Absorção de nutrientes minerais da fertilização foliar. J. Fruit Ornam. Plant res. (special Ed) 12: 201-218.

Ximénez-Embún, P., I. Alonso, Y. Madrid-Alberran e C. Camara. 2004. Estabelecimento da absorção de selénio e distribuição de espécies em plantas de tremoço, mostarda indiana e girassol. J. Agric. Food Chem. 52:832-838.

Xue, T., H. Hartikainen e V. Piironen 2001. Efeito antioxidante e promotor de crescimento do selénio na alface senescente. Plant Soil. 237: 55-61.

Xu, B., J. Yu, T. Xie, Y. Li, L. Yang, Y. Yu, Y. Chen e G. Wang, 2017. Efeito do brassinosteróide e do selénio na absorção e acumulação de crómio na bandeira amarela (Iris pseudacorus). Int. J. Agric. Biol., 19: 621-628

Yadav, S.K., I. Singh, A. Sharma e D. Singh. 2008. Selenium status in food grains of northern districts of India. J. Environ. Manage. 88:770-774.

Yang, F.M., L.C. Chen, Q.H. Hu, e G.C. Pan. 2003. Effect of the application of selenium on selenium content of soybean and its products (Efeito da aplicação de selénio no teor de selénio da soja e dos seus produtos). *Biol. Trace Elem. Res.*, 93: 249256.

Yao, X., J. Chu e G. Wang. 2009. Effect of selenium on wheat seedling under stress (Efeito do selénio nas plântulas de trigo sob stress). Biol. Trace Elem. Res. 130:283-290.

Yassen, A.A., M.A. Safia e M.Z. Sahar. 2011. Impacto do fertilizante azotado e da pulverização foliar de Se no crescimento, rendimento e constituintes químicos das plantas de batata. Aus. J. Basic. Appl. Sci. 5: 1296-1303.

Zahedi, H., G.N. Mohammadi, A.H. Shiranirad, D. Habib, M. Mashhadi e A. Boojar. 2009. Efeito da zeólita e da aplicação foliar de selénio no crescimento, rendimento e rendimento componente de três cultivares de canola em condições de stress de seca tardia. Não. Sci. Biol. 1:73-80.

Zayed, A., C.M. Lytle e N. Terry. 1998. Acumulação e volatilização de diferentes espécies químicas de selénio pelas plantas. Planta 206: 284-292.

Zhang, M., S.H. Tang, X. Huang, F.B. Zhang, Y.W. Pang, Q.Y. Huang, Q. Yi. 2014. Absorção de selênio, mudanças dinâmicas no conteúdo de selênio e sua influência na fotossíntese e na fluorescência da clorofila no arroz (*Oryza sativa* L.). *Environ. Exp. Bot.*, 107: 39-45.

Zhou, X.B., A.X. Gao, C.M. Zhang, W.H. Xu e X.J. Shi, 2017. O selênio exógeno alivia a toxicidade do mercúrio, prevenindo o estresse oxidativo em mudas de arroz (Oryza sativa). Int. J. Agric. Biol., 19: 1593-1600

Zhao, F. J., Y. H. Su, S. J. Dunham, M. Rakszegi, Z. Bedo, S. P. McGrath e P. R. Shewry. 2009. Variação nas concentrações de micronutrientes minerais em grãos de linhas de trigo de origem diversa. J. Cereal Sci. 49:290-295.

Anexo 1

UMA ABORDAGEM BASEADA NA RIZO-FILTRAÇÃO COM SELÉNIO PARA A BIOFORTIFICAÇÃO DA CANOLA DE ÓLEO (*Brassica napus*)

Magdy M. Niazy
Inst. de Investigação do Solo, da Água e do Ambiente. Inst., Agric. Res. Cent. (ARC), Giza, Egito.
E-mail - amagdy16@gmail.com

Palavras-Chave: rizofiltração, biofortificação de canola e óleo de selénio em hidroponia

RESUMO

Um experimento em vasos foi realizado na Fazenda experimental de Kafer El-Hamam Agric. Res. Estação El Sharkia Governorate, Egito na temporada 2019 para avaliar o uso de rizofiltração para biofortificação de canola de óleo (*Brassica napus* L.) cv. Serw 4 com selénio. As plantas de canola plantadas em cultura aquática foram tratadas com selénio (como selenato de sódio "Na_2SeO_4") a uma concentração de 0 (controlo), 1, 1,5 e 2 mgL^{-1}. Os resultados mostraram que houve diferenças estatisticamente significativas entre os tratamentos nos atributos estudados, com superioridade das plantas de canola tratadas com 2 mg Se L^{-1} em relação aos demais tratamentos. O aumento relativo do peso seco total da canola foi de 11,36, 21,99 e 31,04% nas plantas de canola tratadas com 1, 1,5 e 2 mg Se L^{-1}, respetivamente, em comparação com o controlo. A percentagem do teor de óleo das sementes foi de 37, 40, 43 e 48% nas plantas de canola tratadas com 0, 1, 1,5 e 2 mg Se L^{-1}, respetivamente. A clorofila total da canola foi de 1,94, 2,12, 2,35 e 2,63 mg g^{-1} de peso fresco das plantas de canola tratadas com 0, 1, 1,5 e 2 mg Se L^{-1}, respetivamente, enquanto a prolina foi de 4,45, 6,55, 6,95 e 7,35 µmol g^{-1} de peso fresco das plantas de canola tratadas com 0, 1, 1,5 e 2 mg Se L^{-1}, respetivamente. A absorção total de Se pelas plantas foi de 7,54, 206,87, 315,92 e 440,8 µg pote $^{-1}$, enquanto o conteúdo de Se no óleo foi de 0,57, 15, 26,95 e 41,89 µg pote $^{-1}$ de plantas de canola tratadas com 0, 1, 1,5 e 2 mg Se L^{-1}, respetivamente.

1-INTRODUÇÃO

O selénio (Se) é um dos principais micronutrientes deficientes e vários relatórios indicam que mais de 15% da população mundial é deficiente em selénio **(Grusak e Chakmak, 2005; Thacker et al., 2006).** É um elemento importante para muitas plantas, **(Lyons et al., 2009; Gupta e Gupta 2017).** A diferença entre a insuficiência de Se e o dano é ténue para o ser humano e os animais **(Fordyce et al., 2000).** A perda de Se terá um maior impacto na saúde humana. Prevê-se que essa perda aumente a deficiência global de Se nos seres humanos. As fontes para os seres humanos são as plantas e o gado. **(Jones et al., 2017).** A quantidade de selénio na dieta é diversa e depende do local em que as plantas cresciam e os animais viviam **(Schiavon et al. 2020).** A ingestão recomendada de selénio para adultos varia; A OMS recomenda 30 a 40 µg / dia $^{-1}$ **(OMS, 2004)** e **(Thomson, 2004).** Recomendado 55 µg/dia^{-1} para os EUA e o Canadá

Baixos níveis séricos de Se em humanos têm sido associados a consequências negativas (**Arthur et al. 2003; Hoffmann e Berry 2008)** e, em casos extremos, a doenças relacionadas com a deficiência de Se **(Fairweather-Tait et al. 2011).** A suplementação de Se pode aliviar estas preocupações de saúde **(Steinnes 2009).** O selénio é um suplemento necessário para humanos e animais **(Kaur et al., 2014).** As proteínas que contêm selénio desempenham um papel na proliferação, combinação de ADN e contaminação **(Hatfield et al., 2014).**

As plantas que consistem em selénio podem ser usadas na alimentação e podem ser utilizadas para mitigar a insuficiência de selénio **(Banuelos e Dhillon, 2011a).** Para combater a deficiência de selénio, a biofortificação pode ser realizada através do fornecimento de Se às plantas (**Banuelos e Lin, 2009).** As plantas de fitorremediação podem ser utilizadas como adubo na biofortificação com Se **(Banuelos et al., 2015).**

A rizofiltração é uma fitorremediação que utiliza plantas hiperacumuladoras para absorver metais pesados do solo. Foram utilizadas três técnicas de biofortificação com Se: cultura hidropónica, fertilização do solo e pulverização foliar. A maior concentração de Se registada nas Brassicaceae variou entre 1 200 e 1 800 µg Se g^{-1} DW nos brócolos. **(Banuelos, et al 1997; Verma et al. 2006, Lee e Yang 2010., e Abdel-Salam et al.,2015).**A canola (*Brassica napus L.)* é uma das mais importantes culturas oleaginosas comestíveis, sendo cultivada em mais de 120 países em todo o mundo. **(Przybylski et al., 2005).** A colza é uma cultura importante e é a terceira fonte de óleo depois da soja e do óleo de palma **(El-Beltagi & Mohamed, 2010).** A canola é um acumulador secundário de selénio com Se de várias centenas de mg Se/kg DW. Os efeitos que o selénio pode ter na canola, e possivelmente noutras culturas, são relevantes para os agricultores que podem estar a cultivar plantas em solos ricos em selénio.Os impactos do selénio na dieta, o papel do selénio no crescimento das plantas e a utilização de plantas para fitorremediação de solos ricos em selénio são importantes O metabolismo do selénio nas plantas superiores e a utilização de plantas cultivadas para fitorremediação e como fonte de selénio na dieta aumentaram drasticamente nos últimos 10 anos **(Bañuelos et al. 1990, 1992, 1993, 1997a, 1997b, 1998; Terry et al. 2000. Wiesner-Reinhold et al.2017,)**

Egito. J. of Appi Sci., 36 (9-10) 2021 *278* ^{lder} hidroponia

2-MATERIAIS E MÉTODOS

Um experimento em vasos foi realizado na Fazenda experimental de Kafer El-Hamam Agric. Res. Estação El Sharkia Governorate, Egito na temporada 2019 para avaliar o uso de rizofiltração para biofortificação de canola de óleo (*Brassica napus* L.) cv. Serw 4 com selénio. Solução de hipoclorito de sódio (1%) foi usada para esterilizar As sementes foram por 15 minutos e lavadas cuidadosamente com água destilada antes do uso. Inicialmente, as sementes de canola foram cultivadas em tabuleiros (cultura em areia) numa estufa iluminada com luz natural. O viveiro foi irrigado com água destilada todos os dias e foi aplicada semanalmente uma solução de Hoagland de meia força. Após duas semanas, as plântulas de tamanho uniforme foram transplantadas. Foi realizada uma experiência utilizando configurações de cultura hidropónica em vasos de contentores **(Cooper, 1975 , Fehr e Caviness, 1977 ,Dushenkov et al., 1997 e Dushenkov e Kapulnik, 2000).** Cada vaso (50 cm de diâmetro; 40 cm de altura) foi enchido com 10 L de solução de Hoagland de meia força **(Epstein 1971 e Menge et al, 2001). A Figura 1** mostra um desenho da instalação. O desenho experimental foi um bloco completo ao acaso em 3 réplicas. Em cada vaso, um cilindro de PVC sem fundo (17 cm de diâmetro; 50 cm de altura) foi imerso no vaso. O cilindro estava dividido em duas partes separadas por um disco perfurado de dupla camada de PVC/PS situado na interface entre a água hidropónica e o espaço acima onde o transplante está ancorado. As plantas (2 vasos de plântulas^{-1}) foram colocadas apoiadas numa mistura fofa de perlite/vermiculite com 10 cm de espessura, de modo a que as raízes das plantas crescessem através das perfurações para entrarem e ficarem imersas na solução de cultura e dela absorverem água e elementos. Uma bomba de ar foi imersa no vaso para manter a solução constantemente arejada e fornecer oxigénio para o crescimento das raízes. Assim, a parte inferior continha a solução hidropónica e a parte superior acomodava as plântulas de canola: T0 = 0, T1= 1.00, T2=1.50, e T3= 2mg L^{-1}estas plantas foram cultivadas a 2 mg L-1 de selénio, sendo esta uma concentração comummente referida na literatura **(Bañuelos et al. 1993, 1996).** Foi preparada uma solução-mãe de selenato de sódio de cloreto de cádmio de grau analítico (Na_2SeO_4) (1000 mg/l^{-1}) em água destilada, que foi posteriormente diluída conforme necessário. O volume da solução foi mantido constante através da adição de água desionizada para compensar a água perdida por evapotranspiração. Os vasos foram mantidos ao ar livre em condições ambientais naturais **(Abhilash et al., 2009).**

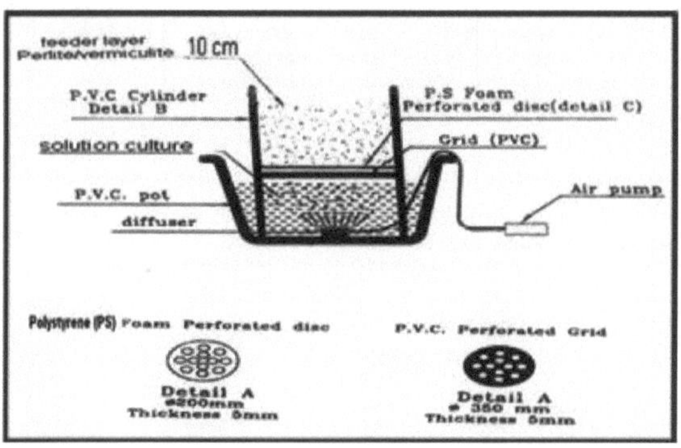

Fig. 1. Representação esquemática da rizofiltração onde o Se é absorvido da água de cultura pelas plantas de canola

O teor de prolina foi determinado de acordo com o método adotado por **(Bates et al., 1973).** A clorofila total, bem como as concentrações de clorofila a e b foram calculadas de acordo com **Amon (1949).** No final da experiência (120 dias), as plantas (rebentos, raízes e sementes) foram secas a 70 °C até peso constante. O teor de óleo das sementes foi determinado por extração Soxhlet com éter dietílico **(AOAC, 1980).**

2-1Análise do selénio:

O selénio foi determinado por espetrometria de absorção atómica com geração de hidretos (HGAAS).

O fator de translocação das sementes (Seed TF) foi calculado de acordo com **Ebrahimi et al. (2015)**, utilizando a seguinte equação

$$\textit{Seed TF} = \frac{\textit{Seed Se content}}{\textit{Shoot Se content}}$$

3-RESULTADOS E DISCUSSÃO

3-1Crescimento da planta:

Os dados do **quadro 1 e da fig. 2** indicam que o aumento do nível de Se provocou um aumento gradual das plantas. O peso seco total do crescimento da planta foi de 21,65, 24,11, 26,41 e 28,37 para os tratamentos de 0, 1,00, 1,50 e 2 mg L^{-1} de Se, respetivamente. Estes resultados estão em harmonia com os registados por **Singh et al. (1980)**, que descobriram que 0,5 mg kg^{-1} de Se como selenito estimulou o crescimento e o rendimento de matéria seca da mostarda indiana (*Brassica juncea* L.). **Hasanuzzaman et al, (2010)** relataram que o Se, aplicado a 2,5 mg L^{-1}, aumentou o crescimento e a capacidade antioxidante

de plantas mono e dicotiledóneas Os resultados estão de acordo com as conclusões de **Ri'os *Egypt. J. of Appi. Sci., 36 (9-10) 2021280*** sobre o crescimento das plantas_... constatou-se que, a baixo

o Se actua como antioxidante, diminuindo a peroxidação lipídica, ao passo que, em teores elevados, actua como pró-oxidante, aumentando a acumulação de substâncias reactivas ao ácido tiobarbitúrico

Tabela 1. Efeito dos tratamentos estudados no peso seco dos rebentos, raízes e sementes e no teor de óleo das sementes

Tratamento	Rebentos, g $vaso^{-1}$		Raízes, g pot^{-1}		Sementes, g $pote^{-1}$		Peso seco total, g $vaso^{-1}$	Teor de óleo de sementes, %
	Fotografias	RI*	Raízes	RI*	Sementes	RI*		
T0	15.14	-	2.56	-	3.95	-	21.65	37
T1	17.5	15.58	2.74	7.03	4.37	10.63	24.11	40
T2	18.7	23.51	3.14	22.65	4.57	15.69	26.41	43
T3	20.15	33.09	3.45	34.75	4.77	20.75	28.37	48
LSD a 5%	2.54	-	1.15	-	1.76	-	3.16	

***RI= Aumento relativo %=[(peso do tratamento - peso do controlo) / peso do controlo] x %100**
****Os valores de rendimento das sementes são apresentados como peso seco ao ar e os teores de óleo das sementes são apresentados numa base de humidade zero**

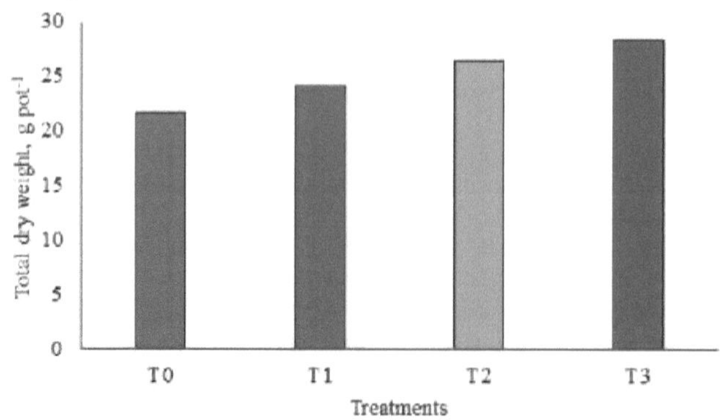

Fig. 2. Efeito dos tratamentos estudados no peso seco total 3-2Constituintes bioquímicos das folhas

A adição de selénio no (**Quadro 2), mostra** que o aumento das taxas de Se de 1,00 para -1 -1 -1
2,00 mg/L' levou a um aumento significativo no conteúdo de prolina de 6,55 para 7,35 µmoľ g' fw, respetivamente. O aumento da clorofila a e b nas folhas foi de 1,48 a 1,75 e 0,64 a 0,88 mg g $^{-1}$ fw com o aumento de Se de 1,00 a 2,0 mg / L $^{-1}$, respetivamente. Estes

resultados estão de acordo com os resultados de **Mozafariyan et al., (2017)** que relataram um aumento no teor de clorofila das folhas de tomate quando as plantas receberam 7 e 10 µM de selénio. **Feng et al.,(2013)** observaram que a adição de Se aos substratos de crescimento pode reduzir o excesso de geração de ROS, especialmente de O2- e/ou H2O2, em plantas sob stress.

Tabela 2. Efeito dos tratamentos estudados na clorofila a, clorofila b e prolina

Tratamento	Clorofila a, mg g^{-1}fw	Clorofila b, mg g^{-1}fw	Clorofila total, mg g^{-1}fw	Prolina, µ mol g^{-1}fw
TO	1.39	0.55	1.94	4.45
T1	1.48	0.64	2.12	6.55
T2	1.62	0.73	2.35	6.95
T3	1.75	0.88	2.63	7.35
LSD a 5%	0.65	0.22	0.76	1.25

3-3 Acumulação de selénio nas plantas

Os teores de selénio nas plantas são apresentados no **quadro 3,** na **figura 4 e na figura 5**. Todos os órgãos da planta de canola, bem como as sementes e o óleo, acumularam selénio. A absorção no rebento foi de 141,82, 210,15 e 290,39 ug Se pot^{-1} para tratamentos de 1,00, 1,50 e 2,00 mg Se L^{-1}, respetivamente. A absorção comparável pelas raízes foi de 25,07, 43,08 e 63,13 ug Se pot^{-1}, respetivamente.

Tabela 3. Efeito dos tratamentos estudados na absorção de Se pelas plantas de canola

Tratamento	Absorção de Se, pg pot^{-1}				
	Filmagens	Raízes	Sementes	Total	Óleo
T0	4.20	2.10	1.12	7.54	0.57
T1	141.82	25.07	39.98	206.87	15
T2	210.15	43.08	62.69	315.92	26.95
T3	290.39	63.13	87.28	440.8	41.89
LSD a 5%	12.41	3.63	4.87	23.56	2.45

***absorção de selénio nas sementes = Se no óleo + Se no resíduo de sementes após extração por Soxhlet**

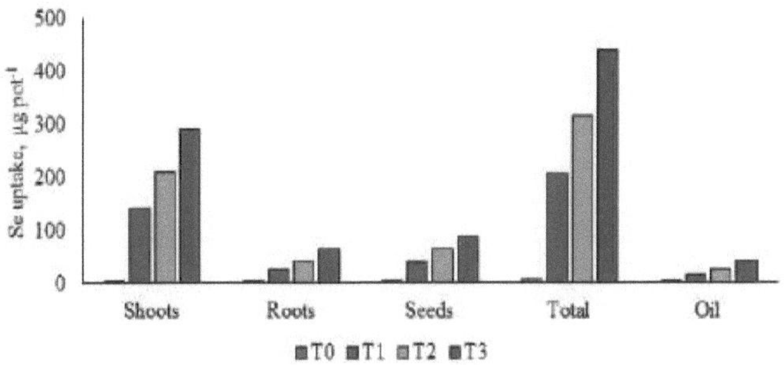

Fig. 4. Efeito dos tratamentos estudados na absorção de Se pelas plantas de canola.

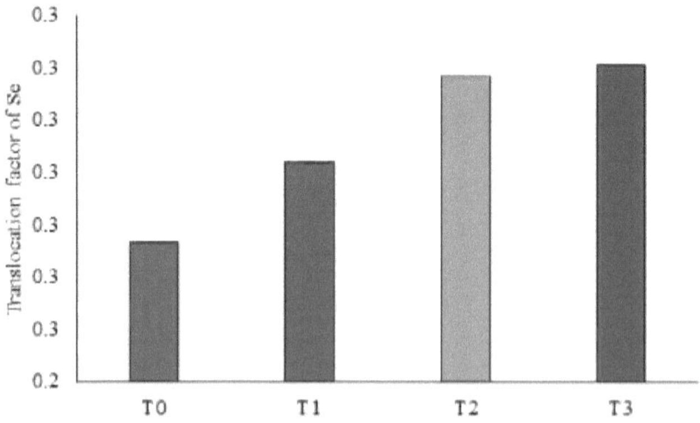

Fig. 5. Efeito dos tratamentos estudados no fator de translocação de Se das sementes (fator de translocação = teor de Se das sementes / teor de Se dos rebentos)

Os teores de Se nas raízes foram geralmente superiores aos dos rebentos. Os teores nas raízes foram de 9,14, 13,71 e 18,29 ug g^{-1} (uma média de 13,71 ug g^{-1}). Os conteúdos comparáveis nos rebentos foram 8,10, 11,23 e 14,41 ug g^{-1} (média de 11,24 ug g^{-1}).

O aumento de Se no óleo é uma consequência direta da sua imersão na cultura de Se. Os teores no óleo 15,00 ,26,95 e 41,89 ug Se g^{-1} para tratamentos de 1,00,1,50 e 2,00 mg Se L^{-1} respetivamente. Os resultados obtidos neste estudo concordam com os obtidos noutros trabalhos, **(Broadley et al. 2006; Broadley et al. 2010; Ramos et al. 2010,Seppanen et al. 2010; Chilimba et al. 2012).**

Ajwa, et al. 1998, que concluíram que a biofortificação com Se através de culturas é uma das melhores estratégias para elevar a ingestão diária de Se em áreas onde os níveis de Se no solo são baixos. A canola absorve grandes quantidades de Se. **Ebrahimi et al., 2015, 2019**, mostraram que o efeito do caule enriquecido com Se ou resíduos de folhas de colza (*B. napus L.* var. Westar) aumentou o crescimento e a fotossíntese das plantas. Trabalhos realizados por **(Hartikainenet al., 1997; Cartes et al., 2005).** Com diferentes plantas, mostraram que uma maior concentração de Se se deve a uma maior aplicação de taxas de Se.

O óleo de sementes de canola de plantas tratadas com selénio tinha teores mais elevados de Se devido à aplicação de Se. Pode haver um potencial para o selénio no óleo de canola produzido comercialmente. O selénio faz parte de uma enzima chamada glutationa peroxidase que reduz o cancro nos seres humanos **(Clark et al. 1996).** Outros investigadores **(Finley et al. 1996, 1998, 2005, Pappa et al. 2006 e Banuelos et al., 2015)** afirmam que o Se pode ser administrado na dieta humana através de brócolos e trigo cultivados em solos com elevado teor de Se. Os resultados anteriores mostram que a biofortificação do óleo de canola com Se pode ser feita através da translocação em condições hidropónicas.

4- CONCLUSÃO,

A biofortificação do óleo de canola com Se pode ser feita quando o selénio se encontra a níveis de 2 mg L^{-1} na solução que envolve as raízes, o peso aumenta com o aumento de Se. O resultado mais significativo obtido com este estudo é que o Se pode entrar no óleo de plantas cultivadas em zonas com elevado teor de selénio. O óleo de sementes de plantas tratadas com selénio tinha um elevado teor de Se. O teor de Se no óleo era de 15,00, 26,95 e 41,89 ug Se g^{-1} para tratamentos de 1,00, 1,50 e 2,00 mg Se L^{-1}, respetivamente. Os potenciais efeitos positivos na introdução de selénio nos regimes alimentares dos seres humanos podem potencialmente proporcionar aos produtores de canola em regiões ricas em selénio um preço de venda mais elevado

5- REFERÊNCIAS

Abdel-Salam, A.A. ; H.M. Salem ; M. A. Abdel-Salam e M.F. Seleiman (2015): Remoção por pito-remediação de solos contaminados com metais pesados. In: Sherameti, I. e Verma, A. (eds) heavy metal contamination of soils.pp 299-309. Springer Intl.

Abhilash, P.C. ; C.P. Vimal ; P. Srivastava ; P.S. Rakesh ; S. Chandran ; N. Singh e A.P. Thomas (2009): Phyto-filtration of cadmium from water by *Limnocharis flava* (L.) Buchenau grown in free-floating culture system. J. Hazard. Mater., 170(2-3): 791797.

Ajwa, H.A. ; G.S. Banuelos, e H.F. Mayland (1998). Captação de selénio por plantas de solos alterados com materiais inorgânicos e orgânicos. J. Environ. Qual., 27: 1218-1227.

Amon, D.I. (1949) Enzimas de cobre em cloroplastos isolados. Polifenol oxidase em Beta vulgaris. - Plant Physiol, 24: 1-15.

AOAC. (1980). Métodos Oficiais de Análise. 13ª ed.. Association of Analytical Chemists, Gaithersburg, Maryland, EUA.

Arthur, J.R. ; R.C. McKenzie e G.J. Beckett (2003). Selénio no sistema imunitário. J Nutr., 133: 1457-1459.

Bates, L. ; R. Waldren e I. Teare (1973). Determinação rápida de prolina livre para estudos de stress hídrico. Plant and Soil., 39(1): 205-207

Banuelos, G.S. e K. Dhillon (2011a). Desenvolvimento de uma estratégia sustentável de fitogestão para o excesso de selénio no oeste dos Estados Unidos e na Índia. Int. J. Phytorem., 13:228222.

Banuelos, G.S. ; I. Arroyo ; I.J. Pickering,; S.I. Yang e J.L. Freeman (2015). Biofortificação com selénio de brócolos e cenouras cultivados em solo alterado com Seenriched hiperacumulador Stanleya pinnata. Food Chem, 166:603-608.

Bañuelos ,G.S. ; D.W. Meek and G.J. Hoffman (1990) The influence of selenium, salinity, and boron on selenium uptake in wild mustard. Plant and Soil, 127:201-206.

Bañuelos, G.S. ; R. Mead ; L. Wu ; P. Beuselinck and S. Akohoue (1992) .Differential selenium accumulation among forage plant species grown in soils amended with selenium- enriched plant tissue. Journal of Soil and Water Conservation, 47(4):338- 342.

Bañuelos, G.S. ; G.E. Cardon ; C.J. Phene ; L. Wu ; S. Akohoue e S. Zambrzuski (1993): Remoção de boro e selénio do solo por três espécies de plantas. Plant and Soil., 148:253-263.

Bañuelos, G.S. ; A. Zayed ; N. Terry ; L. Wu ; S. Akohoue e S. Zambrzuski (1996) .Acumulação de selénio por diferentes espécies de plantas cultivadas sob salinidade crescente de cloreto de sódio e cálcio. Plant and Soil, 183:49-59.

Bañuelos, G.S. ; H.A. Ajwa ; B. Mackey ; L. Wu ; C. Cook ; S. Akohoue e S. Zambruzuski (1997a) Evaluation of different plant species used for phytoremediation of high soil selenium. Journal of Environmental Quality, 26:639646.

Bañuelos, G.S. ; H.A. Ajwa ; L. Wu ; X. Guo ; S. Akohoue e S. Zambrzuski (1997b) Selenium-induced growth reduction in Brassica land races considered for phytoremediation. Ecotoxicologia e Segurança Ambiental, 36:282-287.

Bañuelos, G.S. ; H.A. Ajwa ; L. Wu e S. Zambrzuski (1998): Acumulação de selénio por *Brassica napus* cultivada em solo carregado de Se de diferentes profundidades do reservatório de Kesterson. Journal of Soil Contamination, 7(4):481-496.

Billsborrow, P.E.; E.J. Evans e F.J. Zhao (1993). The influence of spring nitrogen on yield, yield components and glucosinolate content of autumn sown oilseed rape. J. Agric. Sci., 120: 219-224

Broadley, M.R. ; P.J. White ; R.J. Bryson ; M.C. Meacham ; H.C. Bowen ; S.E. Johnson ; M.J. Hawkesford ; S.P. McGrath ; F.J. Zhao ; N. Breward ; M. Harriman and M. Tucker (2006) Biofortification of UK food crops with selenium. Proc Nutr Soc., 65:169-181.

Broadley, M.R. ; J. Alcock ; J. Alford ; P. Cartwright ; I. Foot ; S.J. Fairweather-Tait ; D.J. Hart ; R. Hurst ; P. Knott ; S.P. McGrath ; M.C. Meacham ; K. Norman ; H. Mowat ; P. Scott ; J.L. Stroud ; M. Tovey ; M. Tucker ; P.J. White ; S.D. Young e F.J. Zhao (2010) Stroud ; M. Tovey ; M. Tucker ; P.J. White ; S.D. Young e F.J. Zhao (2010) Biofortificação com selénio do trigo de inverno de alto rendimento (*Triticum aestivum* L.) por fertilização líquida ou granular com Se. Plant Soil, 332: 5-18

Cartes, P. ; L. Gianfreda e M.L. Mora (2005) Absorção de selénio e sua atividade antioxidante no azevém quando aplicado nas formas de selenato e selenito. Plant and Soil, 276: 359-367.

Chilimba, A.D.C. ; S.D. Younga ; C.R. Blacka ; M. Meachama ; J. Lammelc e M.R. Broadley (2012) Biofortificação agronómica do milho com selénio (Se) no Malawi. Field Crop Res., 125:118-128

Clark, L.C. ; G.F. Combs ; B.W. Turnbull ; E.H. Slate ; D.K. Chalker ; J. Chow ; L.S. Davis ; R.A. Glover ; G.F. Graham ; E.G. Gross ; A. Krongrad ; J.L. Lesher ; H.K. Park ; B.B. Sanders ; C.L. Smith, and J.R. Taylor (1996) Effects of selenium supplementation for cancer prevention in patients with carcinoma of the skin. Journal of the American Medical Association, 276(24):1957-1984.

Cooper, A.J. (1975) : Produção de culturas em solução nutritiva em recirculação. Sci. Hort., 3:251-258. **Dushenkov, S. e Y. Kapulnik (2000) :** Phytofilitration of metals, *In*: , I. Raskin & Ensley, B. (Eds.). Phytoremediation of toxic metals: Using plants to clean up the environment, pp 89-106, John Wiley & Sons, NY, USA.

Dushenkov, S. ; D. Vasudev ; Y. Kapulnik ; D. Gleba ; D. Fleisher ; K. C. Ting e B. Ensley (1997). Remoção de metais pesados da água utilizando plantas terrestres. Environ. Sci. Tech.,31(12)3468-3474

Ebrahimi, N. ; H. Hartikainen ; A. Simojoki ; R. Hajiboland e M.M. Seppanen (2015): Dinâmica da matéria seca e acumulação de selénio na colza (*Brassica napus* L.) em resposta a tratamentos orgânicos e inorgânicos de selénio. J. Agri. Food. Sci., 24:104-117.

Ebrahimi, N. ; H. Hartikainen ; A. Simojoki ; R. Hajiboland e M.M. Seppanen (2019): Absorção e remobilização de selênio em plantas *de Brassica napus* L. fornecidas com selenato ou resíduos vegetais enriquecidos com selênio. J. Plant Nutr. Soil Sci., 000, 1-7

El-Beltagi, H.E.D.S. e A.A. Mohamed (2010). Variações na composição de ácidos gordos, perfil de glucosinolatos e alguns conteúdos fitoquímicos em cultivares selecionadas de colza (*B. napus* L.). Grasas Y Aceites, 61(2): 143-150.

Epstein, E. (1971): Nutrição mineral das plantas: Principles and perspectives. Wiley-Intersci. , NY,USA

Fairweather-Tait, S.J. ; Y. Bao ; M.R. Broadley ; R. Collings ; D. Ford ; J.E. Hesketh e R. Hurst (2011). Selénio na saúde e na doença humana. Antioxid. Redox Signal, 14: 1337-1383

Fehr, W.R. e C.E. Caviness (1977) : Estágios de desenvolvimento da soja. Sp. Rep. 80. Universidade Estadual de Iowa, IA, EUA.

Feng, R. ; C. Wei e S. Tu (2013). Os papéis do selênio na proteção das plantas contra o estresse abiótico. Botânica Ambiental e Experimental, 87: 58-68

Finley, J.W. ; R.D. LoriMatthys ; B.S. TerryShuler e B.S. EugeneKorynta (1996) .Selenium content of foods purchased in North Dakota. Nutrition Research, 16: 723728.

Finley, J.W. (1998) Absorption and tissue distribution of selenium from high-selenium broccoli are different from selenium from sodium selenite, sodium selenate, and selenomethionine as determined in selenium-deficient rats. Journal of Agricultural and Food Chemistry, 46(9):3702-3707.

Finley, J.W. (2005). Proposta de critérios para avaliar a eficácia da redução do cancro através de alimentos vegetais enriquecidos em carotenóides, glucosinolatos, polifenóis e selenocompostos. *Annals of Botany (Loud) 95,* 1075-1096.

Fordyce, F.M. ; Z. Guangdi ; K. Green e L. Xinping (2000). Química do solo, dos grãos e da água em relação a doenças humanas sensíveis ao selénio no distrito de Enshi, China. Appl. Geochem, 15: 117-132.

Grusak, M.A. e I. Chakmak. (2005). Métodos para melhorar o fornecimento de minerais às culturas para os seres humanos e o gado. In: Broadley, M.R. e P.J. White eds. Plant nutritional genomics. Oxford, Reino Unido: Blackwell, 265-826.

Gupta, M. e S. Gupta, (2017). Uma visão geral da absorção, metabolismo e toxicidade do selênio nas plantas. Fronteiras em Ciências Vegetais. 7 :1-14.

Hartikainen, H. ; T. Xue e V. Piironen (2000) Selenium as an anti-oxidant and prooxidant in ryegrass. Plant Soil, 225:193-200

Hartikainen, H. ; E. Ekholm ; V. Piironen ; T. Xue ; T. Koivu and M. Yli-Halla (1997) Quality of the ryegrass and lettuce yields as affected by selenium fertilization. Agricultural and Food Science in Finland, 6: 381-387.

Hasanuzzaman, M. ; A. Hossain e M. Fujita (2010). Selénio em plantas superiores: Papel Fisiológico, Metabolismo Antioxidante e Tolerância ao Stress Abiótico. J. Plant Sci., 5(4): 354-375.

Hatfield, D.L. ; P.A. Tsuji ; B.A. Carlson e V.N. Gladyshev (2014). Selênio e selenocisteína: papéis no câncer, saúde e desenvolvimento. Trends Biochem. Sci., 39:112-120.

Hoffmann, M.P.R. e M.J. Berry (2008). A influência do selénio nas respostas imunitárias. Mol Nut Food Res., 52: 1273-1280.

Jones, G.D. ; B. Droz ; P. Greve ; P. Gottschalk ; D. Poffet e S.P. McGrath (2017). Prevê-se que o risco de deficiência de selénio aumente com as alterações climáticas futuras. Proc. Natl. Acad. Sci. U.S.A., 114: 2848-2853.

Kaur, N. ; S. Sharma e S. Kaur (2014). Selénio na agricultura: um nutriente ou contaminante para as culturas? Arch. Agron. Soil Sci., 60:1593-1624.

Lee, M. e M. Yang (2010): Rhizo-filtração usando girassol (*Helianthus annuus* L.) e feijão (*Phaseolus vulgaris* L.) para remediar águas subterrâneas contaminadas com urânio, J. Hazardous Material, 173: 589-596.

Lyons, G.H. ; Y. Gene ; K. Soole ; J.C.R. Strangoulis ; F. Liu e R.D. Graham (2009).

O selénio aumenta a produção de sementes em Brassica. Plant Soil, 318:73-80.

Menge, K. ; E.A. Kirkby ; H. Kosegarten e T. Appel (2001): Principles of plant nutrition ,5th Ed., Springer, London, UK.

Mozafariyan, M. ; M. Pessarakli e K. Saghafi (2017). Efeitos do selénio em algumas caraterísticas morfológicas e fisiológicas de plantas de tomate cultivadas em condições hidropónicas. Journal of Plant Nutrition, 40(2): 139-144

Pappa, E.C.; A.C. Pappas, e P.F. Surai (2006). Teor de selénio em alimentos selecionados do mercado grego e estimativa da ingestão diária. Sci. Total Environ., 372: 100108.

Przybylski, R. ; T. Mag ; N.A.M. Eskin e B.E. McDonald (2005) .Canola Oil. Ch.2. In: Shahidi F (ed) Bailey's industrial oil and fat products. Sexta edição, Vol. 2. Edible oil and fat products: edible oils. Wiley, pp 61-148.

Ramos, S.J. ; V. Faquin ; L.R.G. Guilherme ; E.M. Castro ; ' F.W. Avila ; G.S. Carvalho ; C.E.A. Bastos e C. Oliveira (2010) Biofortificação com selénio e atividade antioxidante em plantas de alface alimentadas com selenato e selenito. Plant Soil Environ, 56:584588.

Ri 'os, J.J. ; B. Blasco ; L.M. Cervilla ; M.A. Rosales ; E. Sanchez-Rodriguez ; L. Romero e J.M. Ruiz (2009). Produção e desintoxicação de H2O2 em plantas de alface expostas ao selénio. Ann Appl Biol, 154:107-116

Schiavon, M. ; S. Nardi ; F. Dalla-Vecchia e A. Ertani (2020) Biofortificação com selénio no século XXI: estado e desafios para uma nutrição humana saudável. Planta e Solo, 453: 245-431'

Seppanen, M.M. ; J. Kontturi ; I.L. Heras ; Y. Madrid ; C. Camara and H. Hartikainen (2010) Agronomic biofortification of Brassica with selenium: enrichment of SeMet and its identification in Brassica seeds and meal. Solo Vegetal, 337:273-283

Singh M. ; H. Singh e D.K. Bhandari (1980). Interação do selénio e do enxofre na

Egypt- J- of Appi- Sci-, 36 (9-10) 2021 288 **Terry, N. ; A.M. Zayed ; M.P. de Souza and A.S. Tarun (2000)** Selenium in higher plants. Annual Review Plant Physiology. Plant Molecular Biology, 51:401-432.

Thacker, T.D. ; P.R. Fischer ; M.A. Strand e J.M. Pettifor (2006). Raquitismo nutricional em todo o mundo: causas e direcções futuras. Ann. Trop. Paediatr., 26:1-16.

Thomson, C.D. (2004). Assessment of requirements for selenium and adequacy of selenium status: a review. Eur J Clin Nutr; 58(3):391-402.

Verma, P. ; K.V. George ; H.V. Singh ; S.K. Singh ; A. Juwarkar e R.N. Singh (2006) : Modeling rhizofiltration: heavy metal uptake by plant roots, Enviro. Model and Assessment, 11:387-394.

Organização Mundial de Saúde, (2004). Vitamin and mineral requirements in human nutrition (Necessidades de vitaminas e minerais na nutrição humana). Segunda ed. Organização Mundial de Saúde e Organização das Nações Unidas para a Alimentação e a Agricultura

MIX
Papier aus verantwortungsvollen Quellen
Paper from responsible sources
FSC® C105338

Printed by Books on Demand GmbH, Norderstedt / Germany